城市细节及环境设施设计

辛艺峰　著

机械工业出版社
CHINA MACHINE PRESS

本书立足于艺术导入城市的学术视野，以理论研究为基础，并与城市环境设计实践相结合，系统解读城市细节及环境设施设计的新思路、新方法与设计实践。全书分为7章，按照城市环境设施设计的意义、基础、要点、空间布置、造型设计及相关案例进行解析。本书可作为高等院校环境设计、风景园林、城乡规划、产品设计等相关专业的教学用书，也可供从事城市及建筑内外环境设计、工程施工及管理方面的相关专业人士阅读和参考。

图书在版编目（CIP）数据

城市细节及环境设施设计 / 辛艺峰著. —北京：机械工业出版社，2021.1

ISBN 978-7-111-67651-5

Ⅰ.①城…　Ⅱ.①辛…　Ⅲ.①城市公用设施—环境设计　Ⅳ.①TU984

中国版本图书馆CIP数据核字（2021）第038216号

机械工业出版社（北京市百万庄大街22号　邮政编码100037）
策划编辑：赵　荣　责任编辑：赵　荣　张维欣
责任校对：张　力　责任印制：李　昂
北京联兴盛业印刷股份有限公司印刷
2021年8月第1版第1次印刷
184mm×260mm · 14.25印张 · 289千字
标准书号：ISBN 978-7-111-67651-5
定价：79.00元

电话服务　　　　　　　　　　网络服务
客服电话：010-88361066　　　机　工　官　网：www.cmpbook.com
　　　　　010-88379833　　　机　工　官　博：weibo.com/cmp1952
　　　　　010-68326294　　　金　书　网：www.golden-book.com
封底无防伪标均为盗版　机工教育服务网：www.cmpedu.com

前 言

细节推敲：城市空间中的环境设施设计

常言道："细节决定成败"，就城市空间而言，细节可说无处不在，唯其如此，城市才能让生活变得更为美好。只是对细节的推敲，既是城市市民对城市空间发展的基本诉求，也是进行城市建设与管理的职责所在。中国古代思想家和哲学家老子有句名言："天下难事，必做于易；天下大事，必做于细"。可见，认真推敲城市空间中的细节，正视其细节上的缺陷，从"大"处着眼，"小"处点睛；从"难"处着力，"细"处传情，运用各种手法对城市空间中的细节问题进行推敲，以使我们所处的城市空间能够营造得更富人性和独具魅力。

美国建筑师伊利尔·沙里宁曾经说过："让我看看你的城市，我就能说出这个城市居民在文化上追求的是什么。"事实确实如此，对于一座城市而言，尽管不少人没有意识到，但通过城市的细节往往让人领略到其整体风貌、建设风格及个性特色。从某种意义上讲，城市更是一本打开的书，是人们为自己编织的摇篮。当我们去拜访一个陌生的城市时，留给我们最深的印象和感受就是城市特有细节所展现出来的特色个性和文化品位。由此可见，细节对于一个城市的印象何其重要。

通过对环境设施的认知，可知其是指在城市空间中由政府提供的属于社会的，给公众享用或使用的公共物品或设备，以及城市空间中那些功能简明、体量小巧、造型别致、带有意境、富于特色的小型建筑物或小型艺术造型体，它们是城市空间中为顺利开展各种活动所建设各类设施的总称。作为城市细节中的重要组成部分之一，城市环境设施的建设对于城市的正常运转起着不可替代的作用，是城市化水平的重要体现。伴随着我国城市建设步伐的加快，现代化的城市布局、交通方式、建（构）筑物、场所环境及公共设施等与传统城市面貌相比发生了巨大的变化；城市经济的迅速发展也促使人们的消费观念和价值观念发生了深刻的转变，人们对生存的环境和质量也提出了更高的要求。简单地说，城市空间发展了、市民观念转变了，城市环境设施必然面临着新的问题，这也是其三者内在互动关系所致。在城市建设如火如荼的今天，城市环境设施的设计与研究已经成为一个庞大的系统工程。它直接关系到城市居民的生活、市政建设、城市形象的塑造等一系列问题，其自身也呈现出多元化的发展趋势。

城市环境艺术设计研究作为华中科技大学建筑与城市规划学院设计学科研究的重点和特色所在，对其城市环境设施设计的探索也是其主要研究内容之一。本书依据环境设计及其相关专业设计理论建构与创作实践的需要来编写，其特色包括：

首先，本书立足于艺术导入城市的学术视野，以位于华中科技大学西七楼409城市环境艺术设计研究室师生近20年来从事城市环境艺术设计取得的学术研究与设计创作成果为依托，从学术层面进行理性思考，将我们在国内率先从事城市环境艺术设计方面的最新研究成果逐渐向广阔的城市建设领域与设计创作实践层面推出，以推动艺术导入城市的设计理论建构，并从细节之处去关怀城市空间之建设，希望能对国内处于成长中的城市环境艺术设计创作实践起到推动的作用。

其次，本书从人居环境幸福度指数塑造及城市微观入手，从以人为本的理念出发提升城市细节的环境品质，以使城市空间中居民的思维方法和生活方式能从本质上得到改变，从而推动城市文化品质得以提升、城市个性得以张扬，使城市环境艺术的细节设计能够成为体现当代人居环境观念、审美情趣与生活方式的风向标之一。同时，倡导低碳技术在环境设施设计中的运用，促进城市绿色集约环境设施的建设，实现"生态宜居"的愿景，并适应美丽中国建设中具有城市文化特色的环境艺术设计创新实践的发展目标。

本书撰写中紧扣当前规划管理体制转型带来的变化，对书中第4章第3节"融于城市的环境设施设置规划"中有关"国土空间规划体系"等内容即时更新，吸取了广东省江门市新会区原自然资源局贾才俊总工给予的相关意见，对其的解析则由我校设计学系傅方煜博士撰写。书中第4章第3节的表格与设计插图由2017级艺术硕士吕苑菁与董卉悦同学绘制；第5章中的改良性环境设施造型设计项目由美国密歇根大学安娜堡分校工程学院2016级硕士生辛宇同学撰写并绘制配图，创造性环境设施造型设计项目由2017级艺术硕士金典同学绘制配图；第7章专题研究由所指导的设计艺术学2009级硕士研究生杨润同学撰写，配图由2017级艺术硕士董卉悦与吕苑菁同学绘制配图。同时本书还以"城市环境公共设施设计理论及创作实践（项目号：2019033）"于2019年7月获华中科技大学2019年度校级教材立项项目出版基金资助，从而为本书的顺利出版起到了积极的支撑作用。

在本书付梓之际，特向所有为本书提供帮助、支持的相关人士表示诚挚的谢意！另本书在撰写中参考、引用的文字、图片和设计案例均在其后注明出处或用表格列出，在此予以说明并致谢。一本著述的完成实属不易，书中不当之处还诚望读者及同仁们给予批评和斧正。

辛艺峰

2020年11月于武汉华中科技大学西七楼
409城市环境艺术设计研究室

目　录

导论　寻找具有文化特色的城市空间细节

在城市空间中，细节存在于任何地方，其内涵我们可从美国城市设计学家E.N.培根在《城市设计》一书中所述："城市设计也就是在城市建筑的每一个细节中运用艺术——为居住在城市中的人们而修建城市设计项目的艺术。通向城市的桥和路、座椅、等候公共汽车的地点，儿童游戏的场所，闲坐游览的所在，擦皮鞋的亭子，城市照明用的路灯，指示方向的交通信号——所有这一切都不过是我们建议应当作为城市细节而仔细设计的常见的城市设计目标。"从培根这段话可知，城市细节包括了城市空间中的细节设施与小品（亭子、路灯、信号等）的设计，以及由这些城市设施与小品所构成的细节空间场所（地点、场所、所在）这样两个层面的内容。

就细节的设计来看，它是决定着场所生命力是否长久的关键，建立有可识别性、能引起共鸣的特质，吸引城市市民去感受，并引起联想，直至留下深刻印象。而城市细节设计是否合理与恰当，完全取决于其细节与城市市民、城市空间之间的相互协调，以及三者之间是否适宜与和谐。在城市空间，其设计应是一种恰如其分的设计，也是一种适宜与和谐的设计（图0-1）。

图 0-1　城市空间细节对其品质具有深远的影响

1

0.1 城市细节及其对空间品质的影响

城市细节对其空间品质的影响主要表现在以下几点：

（1）生态性对空间品质的影响　在城市空间中，把生态作为一种理念引入设计的各个层面，是近年来的发展趋势，其在城市细节设计中也亦然。如城市道路路灯上的太阳能吸收转换器，可保障路灯夜晚照明耗能自给。城市服务商亭等环境小品采用可再生材料的制作，城市环境小品在空间中采用工厂预制现场装配的施工方式，以及低碳、环保用材的应用均对其空间品质的生态性优化产生影响。

（2）艺术性对空间品质的影响　在城市空间中，环境氛围的塑造往往离不开城市细节的作用，对其细节进行艺术化处理，可以提升城市空间及场所环境的可观赏性和趣味性，并对其空间品质的艺术性予以提高。如城市人行天桥本为设置在重要道路或交叉路口等处行人立体过往的环境设施，不少城市多数仅从功能与美观上作了考虑，而深圳市为了提高城市空间的品质，不仅在南山区南海大道与创业路路口建设了国内当前规模最大及具有艺术个性的人行天桥，并沿深圳景观大道——滨海路与滨河路，对沿路10座主要人行天桥进行具有艺术个性的改造工作，从而在人行天桥这个城市空间细节设计的艺术性造型方面走在了国内前列。同时，还丰富了深圳市的城市空间视觉语言，增强了人们对城市空间品质方面的审美记忆。

（3）文化性对空间品质的影响　在城市空间中，空间品质的文化性表现是多方面的，并往往以一种"脉络"或"线索"的形式显现出来，而城市细节是其历史文化"脉络"和"线索"的载体，可通过对所处城市历史文化的挖掘，并用相关表现形式来呈现。如在日本不同城市独一无二的井盖设计，虽然是小小的方寸之作，历史名城大阪是欣赏樱花的好去处，该市井盖上则多为描绘樱花盛开的图案。北海道函馆市盛产墨鱼，井盖上就是三只跳舞的墨鱼娃娃图案。它们都从一个侧面反映出城市历史文化"脉络"或"线索"，以及文化性对空间品质的影响。

（4）教育性对空间品质的影响　在城市空间中，其教育性是通过寓教于乐的方式在城市空间的细微设计中得以实现的。如四川成都的活水公园，设计就将污水的净化过程通过一系列的环境设施造型展示于整个公园的空间序列之中，并在其中引入市民识水、亲水、戏水等互动活动，达到对城市市民珍爱水资源潜移默化的教育作用，并提高了整个活水公园空间品质的目的。

（5）复合性对空间品质的影响　在城市空间中，其细节通常都是多种功能的复合，以为城市市民的行为提供多种需求的选择方式，并在一个灵活的范围内满足城市市民的需要，从而提高对城市细节的使用效率。如城市休闲场所中花坛、水池等小品与桌椅的结合，既提高了其场所空间的品质，又方便了市民，扩大了城市可"坐"的空间范围。

0.2　寻找具有文化特色的城市空间细节

　　城市细节作为当代城市空间特色文化建构的重要组成因素，其具有文化特色的城市空间细节寻找与营造，应从尊重城市传统、回归生活两个方面着手来展开。

　　（1）尊重城市传统　因为任何一个城市的传统历史文化资源，均为体现城市个性和文化特色最为珍贵的资源。而一个城市多少年来形成的建筑风格、历史遗存和文化轨迹，都是与其他城市不同的，只有尊重城市的历史，善待城市的文化资源，才不至于在现代城市的建设中失去文脉和特色，才能延续城市的持续发展与进步。在传统城市现代化的范例中，不少历史文化传统悠久的城市成功保护历史文化遗产的经验是值得我们借鉴的。以英国为例，伦敦作为国际大都市，对历史文化传统的保护和旧城改造非常重视，有着系统完整的法规和实施措施；公众也十分珍惜其民族传统文化，关注自己居住的城市环境和风貌，维护城市风格的整体性（图0-2）。从伦敦城市空间细节来看，城市空间中的公共座椅、电话亭、书报亭等环境设施的构筑风格古色古香，体现着英国深厚悠久的历史文脉；城市道路标志设置醒目，景观雕塑雄伟壮观；不仅体现出城市的传统文化内涵，也反映出市民的人文精神。在寻找具有文化特色的城市空间细节方面，设计师从伦敦城市整体风格中抽取诸如形态、色彩、文化符号等视觉因素，运用到环境设施的设计中去，在满足使用功能的同时，处处体现其文化与审美的内涵，以让人们在城市历史文化传统的熏陶中得到身心的享受。

图 0-2　英国伦敦城市空间细节

（2）回归生活　寻找具有文化特色的城市空间细节应该是多角度的，回归生活即从城市市民最基本的生活方式来挖掘文化的特色。中国的传统城市历来讲求自然主义，以及整体和谐与阴阳平衡，如在宋代著名画家张择端所绘的图卷《清明上河图》中，就描绘出东京汴梁清明时节繁华的城市生活图景，其丰富多样活力无限的原生态城市街景，表现出城市在自然生长过程中形成的具有人性化生活的空间意象，城市空间细节也在图卷中得到充分的展示。此外，法国巴黎城市文化中传递出的随意与散漫，意大利威尼斯城市中呈现出的浪漫与诗境等，也都可从其回到生活的层面来对其城市空间细节予以品味与体验（图0-3）。今天，国内最具闲适生活意味的城市当推四川成都，其独具生活意味的城市文化特色与空间细节，不仅可在"西蜀第一街"的成都锦里窥见一斑，另在成都著名的历史文化片区宽窄巷子，通过注入新的现代化元素发展"创意产业"，使宽窄巷子成为历史和未来的连接点。宽窄巷子除了保留着老成都人的生活方式，巷子里充满宁静祥和的生活气息，改建后的宽窄巷子核心概念是"最成都"——传统的成都生活将在这里得到集中体现和延续，游客可以在这里体验到原生态的老成都人的生活风味。为此，在宽窄巷子我们可从一棵树、一片瓦、一个拴马石，以及传统的老门头、垂花门、青石砖与瓦片构成的装饰物等街区空间细节方面，寻找到具有成都文化的特色传承及闲适淡定的慢节奏生活方式（图0-4）。

图0-3　从城市市民最基本的生活方式来挖掘文化的特色
a）、b）《清明上河图》中所描绘出的东京汴梁清明时节繁华的城市生活图景
c）法国巴黎城市空间中传递出的随意与散漫　d）意大利威尼斯城市空间中呈现出的浪漫与诗境

图 0-4　成都著名的历史文化片区宽窄巷子鸟瞰及所设各类城市环境设施造型实景

　　由此可见，尊重城市传统、回归生活是寻找具有文化特色城市空间细节的方向与路径。而对传统文化的兼收并蓄，以及对城市生活的理解和尊重，则是建构具有个性和特色的城市空间基础。协调城市传统与现代的矛盾，展现城市的文化身份、发展脉络、价值取向和实践探索的现代意义，更是城市空间环境设计中必须面对的发展策略和具有探索意义的研究课题。

　　城市环境设施设计问题即是面对文化全球化进程中对城市空间建设层面的探索需要，城市环境艺术设计学科与行业发展的需要，文化全球化语境下对具有文化特色的城市空间细节寻找的需要而提出来的。在城市环境设施的设计范畴不断扩大、领域不断拓展的今天，面对机遇与挑战，我们应该运用怎样的设计语言与方法才能展现城市的性格、空间的特色、市民的诉求、造型的识别、生活的体验及城市文化的内涵？如何从设计学的视野和在城市环境艺术语境下营造出具有文化特色与个性的环境设施？这些均为进行城市环境设施设计理论探究与创作实践需要解决的问题。

　　此外，作为城市空间细节，且体量较小的环境设施设计，对城市形象同样产生举足轻重的影响。在城市空间与场所环境设置中，不仅要重视其环境设施规划设计，更要重视其场所精神的营造和文化内涵的展现。以使环境设施在文化全球化的今天，在城市空间中，同样能为城市空间文化特色的建构、良好形象的确立、服务的持续发展及生活环境的打造发挥更为重要的作用。

0.3　美丽中国建设：具有城市文化特色的环境设施设计创造

　　在日常生活中，"美丽"和"中国"都是非常大众化、通俗化的用语，但是，在庄严的人民大会堂、在字字珠玑的十九大报告中，"美丽中国"更是被赋予了新的内涵。

在继承中国传统生态文化的基础上，党的十八大以来，如何推进生态文明体制改革和生态文明建设，加快美丽中国建设已经成为新时代迫切需要解决的重大课题，其中以创新发展理念激发美丽中国建设的新动力；以协调发展理念擘画美丽中国建设的新蓝图；以绿色发展理念开创美丽中国建设的新路径；以开放发展理念展现美丽中国建设的新思维；以共享发展理念凝聚美丽中国建设的新合力五大发展理念，为新时代和新常态下深入推进美丽中国建设提供理论指导和实践指南。同时，发挥好中国特色社会主义国家的制度优势、发挥好发展中国家的后发优势、发挥好东方文明古国的文化优势，在经济社会发展与生态文明建设的相互协调与和谐中努力探索出一条富有东方智慧的中国道路。

从"美丽中国"建设中生态文明追求的目标来看，其内容主要包括：发达的生态产业、绿色的消费模式、永续的资源保障、优美的生态环境与舒适的生态人居等。其途径主要包括政治建设、经济建设、文化建设与社会建设途径等方面的任务。其中永续的资源保障与舒适的生态人居等建设内容，以及文化建设与社会建设途径等方面的任务，均与具有文化特色的城市空间细节塑造相关。

就永续的资源保障与舒适的生态人居等建设内容而言，作为城市空间细节主要构成因素的环境设施，其设计创造中对诸多资源与能耗较大的环境设施，如照明灯具、广告屏幕、夜景装饰、游乐设施等，一方面要控制资源开发和使用数量，从供给管理转向需求管理。一方面要不遗余力地开发可再生资源，提高风能、太阳能等可再生能源在其环境设施应用中的比重。此外，舒适的生态人居环境是"天人和谐"的生态文明建设和美丽中国建设极其重要的内容，也是最容易被人民感知的部分。无论在美丽城市建设还是在美丽乡村建设中，都必须把生态人居、低碳建筑、绿色能源等天人和谐的理念贯穿于城乡空间及其周边环境的总体规划、建筑设计、环境营造、设施配置与城市综合管理等各个环节，让人民深切体会到人居之美、建筑之美、自然之美和生活之美。其中，在城市空间中对其各类环境设施合理配置、服务周到、管理有序，则是舒适的生态人居环境在城市空间中的具体反映，也是城市市民从城市空间细节实实在在能够感受到的生活之美（图0-5）。

图0-5　天人和谐的理念需贯穿于城乡空间及其周边环境的规划、设计与城市综合管理等各个环节

　　就文化建设与社会建设途径等方面的任务而言，作为城市空间细节主要构成因素，其环境设施如何在文化全球化的当代，能够通过在城市空间与场所环境中的设置规划与造型设计，在其设计理念、风格定位、配置标准、类型选择、规划布局与设计造型等层面与所在城市的文化内涵有机结合，以在其城市特色文化建构与城市空间品质打造方面，为具有城市文化特色的环境设施设计创造做出努力。而社会建设的各个方面都与生态文明密切相关，从社会学角度来看，生态文明的建设实际上是人与社会关系和谐的问题。主要需要解决人与人和谐、人与社会和谐等问题，为人与自然和谐奠定基础。具体到城市空间中各类环境设施的设置规划与造型设计，即应将以人为本的设计理念、持续发展与生态绿色设计观念、科技发展的设计原则等导入其中来思考，以从功能与安全、视觉与空间、行为与心理及环境与精神等层面，为城市市民与环境设施之间建构起和谐、互动与对话的谐调关系，实现环境设施在城市空间的持续发展（图0-6）。

图0-6　国内近年来在城市空间中所设各类造型新颖、低碳环保，满足所在城市市民功能与安全、视觉与空间、行为与心理及环境与精神等需要的层面环境设施实景

　　"美丽中国"展现给世人的是一幅温馨感人、未来人文之美的壮丽画面，建设"美丽中国"，需要从一点一滴具体做起，从我做起。具体到城市空间细节，即需要我们从具有城市文化特色的环境设施设计创造去做，去营造"美丽中国"的城市空间及场所环境，这也是一个美好、和谐，令人向往的中国城市之梦。

第1章 城市环境设施设计的意义

城市是人类文明的结晶，也是人类物质文明与精神文明创造的基地，更是一个国家或地区人口密集、工商业发达，集政治、文化、科技、艺术、经济、交通等于一体的聚集活动中心。

城市是人类文明的主要组成部分，也是伴随着人类文明与进步而发展的（图1-1）。农耕时代，人类开始定居；伴随工商业的发展，城市崛起和城市文明开始传播。在遥远的农耕时代城市就已出现，其作用是军事防御和举行祭祀仪式。那时城市的规模很小，每个城市和它控制的农村，构成一个小单位，相对封闭，自给自足。因此学者们普遍认为，真正意义上的城市是工商业发展的产物。如13世纪的地中海沿岸、米兰、威尼斯、巴黎等，都是重要的商业和贸易中心，其中威尼斯在繁盛时期，人口超过20万。1800年，全球仅有2%的人口居住在城市，工业革命之后，城市化进程大大加快了，由于农民不断涌向新的工业中心，城市获得了前所未有的发展。到第一次世界大战前夕，英国、美国、德国、法国等国绝大多数人口都已生活在城市。到第二次世界大战之后的1950年，全球居住在城市的人口已达29%，进入新世纪的2000年，世界上大约已有一半的人口迁入了城市。根据联合国的预测，到2050年，全世界的城市人口将占总人口的66%。芸芸众生群集而成的城市，毫无疑问需要有别于农村的大量的生活设施、服务体系、运输系统、娱乐场所与消费用品等。

图1-1 城市是人类文明的主要组成部分，也是伴随着人类文明与进步而发展的

联合国人居组织1996年发布的《伊斯坦布尔宣言》强调："我们的城市必须成为人类能够过上有尊严的、健康、安全、幸福和充满希望的美满生活的地方。"不可否认的是，在城市飞速发展的今天，人们的城市生活也越来越面临一系列挑战：高密度的城市生活模式不免引发空间冲突、文化摩擦、资源短缺和环境污染。如果不加以控制，城市的无序扩展会加剧这些问题，最终侵蚀城市的活力、影响城市生活的质量。

可见，城市及其环境作为影响城市人类活动的各种自然或人工外部条件的总和，如何回应城市环境让生活在其间的人们更好地享受物质发展与精神文明等方面诉求，无疑是城市环境空间建设的一项具有前瞻性的设计任务。就环境设施来看，它作为城市环境空间的一个重要组成部分，从古至今都是城市空间环境中不可缺少的整体要素。在现代城市空间环境中，环境设施既能充实城市空间的内容，展示出城市空间的形象，也能体现出不同城市独具一格的文化特色、人文风貌、经济成就与美学追求，是社会发展和民族文明的象征（图1-2）。随着社会的发展与生活方式的改变，环境设施不仅给人们带来了舒适、方便的生活，还给城市风貌带来了崭新的变化，从而给人们留下深刻的印象和诗意般的回忆。

当今中国，城市环境空间的建设已经进入快速发展的阶段，现代化的城市空间、建筑造型、道路广场、景观园林、环境设施等与传统的城市面貌相比发生了巨大变化，而同时随着人们的活动重点从室内走向户外，大众对城市空间环境的要求和观念也发生了巨大变化。对于环境设施而言，已不仅仅停留在功能上的要求，更是需要上升到城市精神层面与文化特色塑造方面去思考，使城市环境设施设计与研究，成为一个具有前瞻性与创新性的探索领域，城市环境设施正与城市空间环境一起，为城市确立的良好形象、提供完善的服务，发挥着越来越重要的作用。

图 1-2　从古至今环境设施作为城市空间环境的重要组成部分，是其空间中不可缺少的整体要素

1.1　城市环境设施设计的意义

城市环境设施是一个具有内容广泛、多维、复杂的系统性概念。卢森堡设计师克

莱尔（Rob Claire，1938— ）认为城市环境的环境设施就是指"城市内开放的用于室外活动的、人们可以感知的设施，它具有几何特征和美学质量，包括公共的、半公共的供内部使用的设施"。只是目前关于城市公共设施的概念及其相关内容分类差别很大，可谓众说纷纭，至今没有形成世界范围内的统一共识。其中：

一是指城市基础设施，也称为城市公共设施，它是由政府提供的属于社会的给公众享用或使用的公共物品或设备。按经济学的说法，公共设施是公共政府提供的公共产品。从社会学来讲，公共设施是满足人们公共需求（如便利、安全、参与）和公共空间选择的设施，如公共行政设施、公共信息设施、公共卫生设施、公共体育设施、公共文化设施、公共交通设施、公共教育设施、公共绿化设施、公共屋等。

二是指城市环境小品，也称为城市服务设施，它主要指城市空间中那些功能简明、体量小巧、造型别致、带有意境、富于特色的小型建筑物或小型艺术造型体、也称为"园林建筑小品"或"城市环境设施"等。在国外，类似的词汇有sight furniture（园地装置），urban furniture（城市装置）。在欧洲，称其为urban element，直译为"城市元素"。在日本，被理解为"步行者道路的家具"或者"道的装置"，也称"街具"（图1-3）。城市空间中设置的这些设施对其交通安全、公众服务、公共空间中大众生活的便利等诸多方面产生影响，是其城市及建筑内外环境设计中离人们距离较近，带给人们一种自然、和谐和亲切感的小型建筑物或艺术造型体，已经成为城市环境中的一个独特组成部分。

图1-3 欧洲城市空间中所设环境设施与日本城市道路上所设的各类"道的装置"

本书对城市环境设施的研究，主要指城市环境小品涉及的"城市环境设施"内容，它是城市空间环境建设中不可缺少的构成要素，并与其他城市空间环境要素一起共同构筑了城市的形象，反映了城市的文化精神面貌，表现了城市的品质和性质，并与城市的社会环境、经济环境和文化环境都有着密切的联系。

今天，城市环境设施的设计在城市建设中已成为不可替代的特殊形式和表达语言，在城市空间环境建设中起着"点睛之笔"的作用，具有公共空间的属性。不仅可以点缀环境、丰富景观、烘托气氛、加深意境，而且还能烘托城市环境的主题，赋予城市空间更加积极的文化品位和艺术内涵。它的设计也从过去的个体性设计转向更加注重与建筑、环境、自然融为一体的整体性，这不仅增强了环境设施设计的实际意义，并且为城市空间环境形象与特色的营造起到举足轻重的作用，是现代城市精神文化和艺术品位的综合反映（图1-4）。

图 1-4　城市环境设施的设置，在城市空间形象与特色营造中起到举足轻重的作用

1.2　城市环境设施的发展演变

纵览城市环境设施的发展，环境设施可以说在建筑和聚落形成的初始就已存在。例如英国南安普顿的巨石阵（公元前1800年），它既象征着宗教权力，又有公众聚会和举行神秘仪式的实用功能。考古学家在意大利庞贝城（公元前400年—公元79年）遗址处发现古罗马时期城堡中的城门，以及城堡园林内设置的藤萝架、凉亭、沿墙座凳、水渠、草地、花坛、花池与雕塑等。我国古代的石牌坊、牌楼、石狮子、拴马桩、灯笼、抱鼓石及水井等，均可见证其历史发展的久远（图1-5）。由于环境设施总是置身于不同空间环境场所之中，因此，在建筑与城市漫长的发展演变历史中，不管是国外还是国内，环境设施的演变都是伴随着城市与建筑的发展而不断变化，并且处于城市与建筑的附庸，分解于它们的目标之下，若对其环境设施的演变单独进行研讨无疑是一项较为困难的工作，加上环境设施始终处于不断变化的动态之中，对其范畴也难以精确界定。也许正是基于环境设施作为一个开放系统这种特点，在这里我们还是沿着建筑与城市演变的历史轨迹，从国外与国内两个方面对其发展演变尝试做一个概览式的回顾。

图 1-5　英国南安普顿的巨石阵与中国河南社旗山陕会馆内的石牌坊，均属于渊源流长的环境设施

1. 国外城市环境设施的发展演变

从历史上看，国外城市环境设施的出现可追溯到4000多年前古埃及人在城市中修建的排污和垃圾清运设施与环境设施，以及古埃及、古希腊、古罗马城市祭祖祭天场所中的各种祭祀设施与环境设施。古希腊、古罗马城市在早期多采取一种自然且有机的形式，那时的城市设有竞技场、演讲台、敞廊、广场、露天剧场等公众场所，雕塑、水池直至路灯等均要求与自然取得和谐对应的关系（图1-6）。例如雅典卫城中心的雅典娜雕塑，其尺度、高度、基座的位置以及与卫城建筑群之间的关系不仅是建筑史中的典范，也是早期城市环境设施的代表作。而古罗马城市发展到鼎盛之时中留存至今的高架供水渠道、铺地、街灯、花坛等遗迹成为今天罗马城的骄傲。进入帝国时期的罗马城市开始进行整体规划，强调纵横的城市轴线，街道规划整齐，交通要道岔路口或广场上所建方尖碑、雕塑、凯旋门等众多具有纪念性的建筑或环境设施，突出了罗马人向外扩张、征服世界的野心，并成为统治者权力的象征和城市的显著标志。这种外张型的城市空间一直延续到18世纪，并在巴黎城市设计中达到顶峰（图1-7）。

图1-6 古埃及、古希腊、古罗马城市中的祭祀庙宇、竞技与露天剧场环境设施遗迹

图1-7 古希腊雅典卫城的帕提农神庙、雅典娜雕塑与古罗马城市中的方尖碑、凯旋门及剧场等遗迹

这时在巴黎城市中出现向外放射的街道系统，恢弘壮观的星形广场，几何造型的皇家园林，庄重严谨的古典主义建筑，以及配合有致的凯旋门、灯柱、纪念碑、喷水池等建筑与城市环境设施都表现出这种强烈的设计意识（图1-8）。

图 1-8　巴黎城市中出现向外放射的街道系统，凯旋门、方尖碑、圆尖屋顶、桥梁与灯具等环境设施

此外，在14—16世纪意大利文艺复兴时期，伴随着整个社会转向对人的关注，科学与人文精神开始融入城市空间环境设计理念之中，理想化的城市模式为城市建设带来蓬勃的生机。这个时期的城市在设计中也更注重视觉效果，便利、美观的城市空间环境设计原则贯穿在广场、街道、建筑群以及相应的环境设施之中。随着城市的发展，现代意义的城市兴起以后，由此带动的环境设施变得更加普及并得到了空前的发展。

进入19世纪，工业革命给西方城市带来了经济结构的巨大变革，城市结构与城市形态发生了根本变化。人类由此步入了一个新的生活环境。铁、玻璃、混凝土等新材料及其结构特点等成果被应用在城市及其环境设施的设计之中，比如道路铺设、路灯、升降梯、城市高架桥、通讯塔、广告塔、巨型雕塑、候车台（廊）等，为适应城市生活的需要，许多新的环境设施也应时而生。这些演变到了20世纪20年代，已经形成一派兴旺发达的城市景象。20世纪20年代末，以勒·柯布西耶（Le Corbusier）为代表的现代主义者倡导新建筑运动，将工业化的思想大胆地带入了城市规划、建筑设计的同时，也将"功能秩序解决复杂的现代城市问题"（功能美学）的理念影响到环境设施的设计中，激发了设计师的想象力和创作观念，带给城市及环境设施的发展以现代主义的新面貌（图1-9）。

二战后，西方社会一方面和平恢复和社会经济的高速发展，各国政府开始通过编制综合城市规划、提供资助等措施对城市建设进行控制；另一方面，随着经济的恢复和人民生活水平的提高，人与环境、人与社会等问题日益受到关注，二战后兴起的人文思潮让越来越多的研究者和规划师从人的角度出发，去感知和设计战后的新城市。这个时期，在工业和科技高速发展的推动下，城市空间环境建设既要考虑从工业时代向着信息时代转化带来新的城市空间环境需要，同时，随着科技的迅速发展和新城镇的开发，对城市社会与生态环境造成的严重破坏，也要求城市空间环境建设又要思考人与环

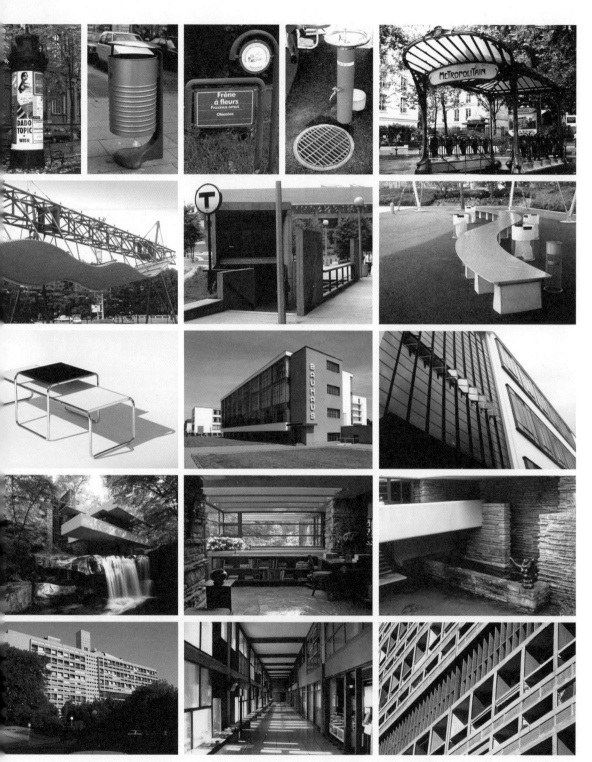

图 1-9　19 世纪的工业革命给西方城市带来巨大变革，铁、玻璃、混凝土等新材料及其结构特点等成果被应用在城市环境设施中，到 20 世纪 20 年代，已形成一派兴旺发达的城市景象

境、人与社会及精神层面等问题，以满足城市与环境的协调发展。这些观念对城市环境
设施设计产生了深远的影响，城市中的环境设施不仅将许多最新科技成果应用其中，使
其设计手法、制作材料、施工工艺和空间表现出现变化，体现出环境设施的功能性、审
美性和自身特有的文化特色。并且环境设施设计也开始关注地域性与个性化，以及与场
所环境之间的整体协调，与公众之间的互动关系，直至成为公众与环境间交流的自然纽
带。这对于战后西方国家城市市民来说，环境设施的建设不仅带来了生活上的便利，也
带来了精神上的安慰，激发了大家对建设美好生活的信心（图1-10）。

图 1-10　20 世纪中后期以来，城市空间及环境设施的设计造型呈现千姿百态的风貌

　　而20世纪50年代末产生的后现代艺术，更进一步促进了环境设施设计与城市空
间环境的融合和发展，使其在形式上与城市空间密切联系，在观念上与城市空间融合
相通。在城市空间中艺术被导入环境设施设计，使其呈现出艺术的城市化和城市的艺
术化。

从美国城市环境设施来看，体现在对城市市民人性化的关怀是非常值得称赞的。以波士顿为例，该城属于新英格兰地区，这里继承了英国的城市风貌和绅士风度。市区里大部分是英式的小路斜街，有很多岔路口，每个路口的斑马线旁边都安装有行人自助的红绿灯变换按钮，如果需要紧急通过马路，按下按钮，便可安全通过。并且路口红绿灯上还有提示音发出，以便于盲人识别。另外，城市的街头设有很多免费和付费的报箱，以方便市民随时看报取报。而洛杉矶则是一个非常特别的城市，城市面积非常大，但人口密度低，不仅地铁可以携带自行车，还在车厢里设有专门的自行车和轮椅停放位置。洛杉矶的私人汽车拥有量在全美最高，加上城市三面环山，空气污染压力巨大。而城市为了大力推广电动汽车的使用，在城市的不少街区都设有便利的电动汽车充电站（图1-11）。

图 1-11　美国波士顿市的英式斜街与城市所设环境设施及洛杉矶市街区所设便利的电动汽车充电站

进入新世纪，美国已从2000年起通过立法的形式确定实现数字电视转播计划。数字电视、数字光盘等信息载体的革命性飞跃，使信息能够以更简单的及个性的方式传播给受众，由此也促使城市环境设施的设计得以向着信息化的方向迈进。

从欧洲城市环境设施来看，英国从20世纪70年代就在城市建设方面对传统的投资融资政策进行改革，推行私人融资投资政策。在政府监督管理下建立了私人资本对城市建设的"融资—设计—建设—经营—移交"一体化的管理模式。具体操作方法包括自由竞争、合资与购买服务三种方式。从而推动了环境设施的发展。20世纪80年代后，又在新城市和居住区建设中提出"生活要接近自然环境"的设计原则，得到社会广泛认可，从此环境设施成为一个新的课题为人们所关注（图1-12）。

图 1-12　英国"生活要接近自然环境"的设计原则，使环境设施呈现出特有英伦城市意蕴

法国巴黎是一座拥有1600多年历史的古城，进入21世纪的今天，她仍然是世界文化艺术之都。她既前卫又富有历史感，既特色鲜明又兼具包容性。从20世纪80年代起，法国在一场文化振兴运动的推动下，城市面貌也得到改

图1-13 从20世纪80年代起，法国在一场文化振兴运动的推动下，城市空间建设面貌得到改观

观，其城市环境设施从构思、设计乃至最终的实施，任何一件设施都是精心建造的。如公交亭是经过招标由英国设计师设计，街头书报亭是享有专利的设计，道路两旁植物护栏是经由艺术家布置的。在著名的香榭丽舍大道上，当代的设计师在保留19世纪城市风格的同时，也设置了不少现代但不张扬，简洁而又含蓄的街道环境设施。从这些城市空间的细部，即可体会到巴黎市民对于城市精致生活与活力的追求（图1-13）。

位于德国西南角的莱茵河谷的弗莱堡，是一座沿河而建并不很大的城市。在这座有着悠久历史的欧洲小城，处处遗留着德国人朴素、严谨的气息而又充满想象的特点。从弗莱堡道路路灯的设计中，那简洁而古典的路灯造型、与环境的和谐统一

图1-14 德国莱茵河谷的弗莱堡，城市环境设施从路灯到座椅均与环境和谐统一

形成的秩序感，都充分表现了这个城市的性格。此外这个城市的环境设施设计，还采用了统一的材质与色彩，其细节处理及地面的传统铺设方式都是当地历史形式的再现（图1-14）。

此外，欧洲城市信息类环境设施也比较完善，道路、交通、指引、问讯与商店牌匾及场所名称、方向引导等均形成系统，极大地方便了市民与游客，使人们能够便捷、迅速、准确地识别各种环境信息和空间，是现代城市生活不可缺少的组成部分。

地处亚洲的日本，经过战后重建已成为一个经济发达的国家，由于工业化程度较高，经济力量比较强大，对城市空间建设的投资较大，其环境设施的建设也比较完善。20世纪70年代，日本就制定了改善城市居住环境的方针政策，提出的基本要求是"舒适、优美、安全、卫生、方便"。此外，日本在城市环境设施人性化设计方面也

走在世界前列，且日益系统、规范与完善。

日本城市空间注重艺术性，从环境设施设计入手，通过调查进行分析、评价，在此基础上确立城市空间发展的基本理念、建设目标和设计意象，并制定相应的计划、方法、体制和管理条例，使环境设施的设计能在总的理念下进行，给人以一个整体的印象。同时，注重设计细节，使城市空间中环境设施的建设风貌精致细腻。

如在日本城市空间中，随处可见分类细致的垃圾箱，包括易燃性垃圾、不燃性垃圾、塑料垃圾、以及圆形瓶罐垃圾四类。圆形的瓶罐垃圾还分为罐装的和瓶装的两种。这样就有便于垃圾的回收和循环再利用，具有绿色的环保理念。而日本城市空间中的无障碍设施，不仅成为了残疾人走出家门，参与社会生活的基本条件，也是便于老年人、妇女、儿童和其他社会成员使用的通用设施。其标识类环境设施设计，导向指示明确，让人一目了然，且极具系统性和趣味性。

另从日本城市道路的井盖设计也可窥见其精致所在。日本井盖具有设计美学的特点，兼具实用和审美价值。井盖上图案的种类繁多，在日本1780个自治市里，95%的城市采用了设计独特的井盖（其余5%则套用现成的模板）。图案包括鱼形花纹、名胜美景、手工艺品、传统仪式、漫画人物、寓言故事、官方花卉与纪念井盖，从井盖图案的设计不仅能品味到日本城市建设中"人文"理念的体现，其别出心裁的市政设施功能、"路标"向导功能、传承地方文化功能、公众服务功能、防止噪声功能等诸多功能集于一体，成为市民生活中不可或缺的温馨所在（图1-15）。

图 1-15 具有设计美学特点的日本城市道路井盖造型实景

设计态度决定生活态度，设计的定位决定生活方式。即使是一个小小的井盖，从中也可见到日本人认真负责的生活态度和严谨的工作作风。而一座城市之所以会吸引人，除了它的经济发展程度和环境水平外，城市的细节设计也是一个非常重要的因素，因为它从一个侧面反映出城市经营的理念。

回顾国外城市环境设施的发展，其特点主要可归纳为以下几点：

（1）设计功能逐步注重为公众的服务 从建筑与城市演变的历史来看，早期的环境设施在设计功能上主要是满足人们对自然的敬畏、生命的崇拜和对天国的冥想，对公众的生活需要很少关注，更缺乏人文方面的考虑。

图 1-16 环境设施设计注重为城市公众服务的发展特点

其后环境设施一般着眼于经济和实用，很少关注人，也更谈不上人性化设计。直至20世纪50、60年代在美国以马斯洛、罗杰斯为代表的人本心理学派兴起以后，人体工程学发展和应用在设计领域逐步得到推广，环境设施的设计才有所改观。当然，人的需求是多方面的，使用功能的需求仅仅是其最基本的需求。人们在城市空间环境中还受到视觉、空间、文化等因素的影响，从而产生更高层次的精神需求和心理满足，这是一种以人为本的思想体现。国外进入现代后的城市环境设施在设计功能方面逐步体现出这样的人文主义关怀：人物合一，人景合一。小到座椅，大到人行天桥的设计无不体现这种人文主义的内涵，以更好为生活在城市空间环境中的公众服务（图1-16）。

（2）设计配置注重与场所空间的结合 早在古希腊、古罗马城市空间环境中，环境设施就注重与场所空间的搭配，到了第二次世界大战之后，随着对城市整体进行重新规

图 1-17 环境设施设计注重与城市场所空间结合的发展特点

划与设计的"城市更新"运动，对环境空间的关注使之与场所空间的结合得到进一步重视。例如20世纪60年代初，城市步行街的设计只是简单地注重图案化的地面铺装、装饰雕塑及绿化。到20世纪60年代中期，设计开始注重人的行为与环境的关系，街道出现了丰富而多样化的步行设施与环境设施，并开始关注整个街道的使用。20世纪70年代步行商业街的活动则更加丰富多样，已成为体现社会参与、创造公众愉快、满足社会广泛需求的活动中心。今天，随着世界性城市化的发展进程，城市已经成为当代人类活动的聚集地，如今欧美及一些国家70%以上的人口集中在城市生活。城市场所空间中的环境设施不仅要展现出本身的空间感觉，还必须联系它所处的环境，即与周围的建筑、道路、绿地及与其他环境设施之间的空间联系，最终形成一个良好的场所空间系统（图1-17）。

图 1-18　环境设施设计注重城市文化的塑造的发展特点

（3）设计风貌注重与城市文化的塑造　在现代城市空间环境中，环境设施的设计风貌应该具有城市历史文化的传承性，以使外来人群能够通过这些细部了解城市的历史风貌，享受城市的文化氛围。同时，城市空间环境中设置的各种环境设施，还可使其城市的地域文化及特征持续相传。例如位于宾夕法尼亚州德拉瓦河谷都会区的费城，是美国最老、最具历史意义的城市，老城保留着古朴的建筑和宁静风貌，街道都是横平竖直的棋盘式结构，其中很多有当地特色的环境设施在服务公众的同时，还起到城市文化氛围的传承与塑造的作用。当然，这些环境设施还必须与时代相符，它在今天主要是为城市现有人群服务的，所以它必须符合时代的特点和要求。国外许多城市建立有严格的公共设施与环境设施的淘汰机制，会定期对城市公共设施与环境设施进行筛选、淘汰与整改，巴黎、布鲁塞尔、米兰、大阪等就是这方面的典型，以保障与推动环境设施的持续发展（图1-18）。

图 1-19　环境设施设计的范畴在城市空间方面得到更加广阔的扩展

（4）设计的范畴得到更加广阔的扩展　从环境设施在国外现代城市空间环境中的发展可知，随着人类生活领域的扩大、内容的复杂，环境设施已经超越出以往各自所属的领域，向着更为广阔的设计范畴扩展。随着城市与大地、建筑内外环境等空间的交融，环境设施从城市走向大地，从建筑外部走向内部，反之亦然。并且随着科技的进步，环境设施在设计类型上也出现较大的变化，如信息时代来临带来各种通信设备的普及，就使得以往城市中设置的各类电话亭面临淘汰，而第五代移动通信技术5G的使用，则推动城市wifi的应用，城市数码岛与道路广场wifi亭就有取代电话亭的趋势。同时，环境设施设计的独立性也得到进一步加强，以往从属于城市、建筑和道路规划与设计中的环境设施设计，随着城市的发展，将独立出来成为一个专门研究设计的范畴，当然这个设计范畴与现代城市空间环境的联系无疑是密切的，这从国外现代城市中出现的环境设施设计即可窥见一斑（图1-19）。

2. 国内环境设施及发展演变

我国环境设施的发展演变，同样经历了漫长的演进历程。我国古人对环境空间的认识、理解和运用甚早，传统中国以农业为本，人和自然和睦相处，祖祖辈辈对自然界的认识是以一种自然崇拜的形式体现出来，逐渐形成了独特的思维方式，讲求人与自然的融洽、和谐，善以小见大，崇尚模仿自然，注重营造景象和意境。

在中国古代都城空间配置最早的文献《周礼·考工记》中有这样的概述：首先，它突出表明城墙、道路和皇城在王城建设中的地位；其次，强调了城市空间中心对称的型制、等级分明的格子状街道系统。这些都对其后中国古代城市、建筑以及环境设施的设置和发展产生深远影响。在城市空间环境中，这种礼制观念的体现则集中于墙垣、门阙和道路三个方面，它们不仅种类繁多，而且等级严明。

墙垣——即指围墙，在中国古代城市空间环境中，墙垣系统非常发达。它们不仅配合道路分化城市空间，而且是层层设防的有力手段，至今仍延绵不绝。城市外围是城墙，都城中的皇城围以城墙，皇城内的宫城有围墙，其间每个院落又设有围墙。在一定意义上，殿堂台基上的重重栏杆当属最后一道墙，而凭栏眺望的功能是次要的。城市中的每一个街区设有坊墙，每家每户还设有层层院墙，这些墙垣还有其相当多的附属设施，包括箭楼、角楼、门楼、瓮城、吊桥、壕沟等（图1-20）。

图 1-20　中国古代城市空间发达的墙垣系统，包括箭楼、角楼、门楼、瓮城、吊桥、壕沟等附属设施

门阙——门阙是置于道路两旁作为城市、宫殿、坛庙、关隘、官署、陵墓等入口做标志的塔楼状建筑。门阙的造型分为阙座、阙身与阙檐三部分。阙身依数量有单出、双出与三出（仅天子可用三出），形体多带有较大收分。阙檐有一、二、三层之别。檐下多以斜撑或斗拱支承，又是重点装饰所在。由于城市规模扩大、防御功能提高以及礼制的影响，自汉唐以后，门阙又有了新的发展。一方面，防御外侵的城阙进一步完善另一方面，城市内部的门阙还在继续分化，如皇室的门阙逐渐演变为明清的城门和年门，而民间的坊门则演变为牌坊和屋门。门阙作为突出空间层次和轴线对称格局的重要手段，其相关附属设施也有着不断发展，如照壁、牌坊、龟碑、华表与九龙壁等。另外，门阙的构建与装饰也有着严明的等级规定（图1-21）。

图 1-21 门阙作为突出空间层次和轴线对称格局的重要手段，其相关附属设施包括门阙、照壁、牌坊、龟碑、华表与九龙壁等附属设施

　　道路——是指地面上供人或车马通行的部分，在中国古代都城中，道路除提供作为人车交通和进行社会交往的空间之外，还有着特殊的典仪性要求。唐代的长安城中，中轴线上的朱雀大街宽至150m，其他主要街道也达百米。这些街道尽管规模宏伟，两侧有排水渠道且种植树木，但路面只是夯土而已。这种状况到了明清时代的北京也改善不大，中轴线道路除了主要路段铺设石板外，其他道路的路质仍然不佳。

　　园林——是指在一定的地域运用工程技术和艺术手段，通过改造地形（或进一步筑山、叠石、理水）、种植树木花草、营造建筑和布置园路等途径创作而成的美的自然环境和游憩境域。在我国古代城市环境中，与城市街道设施大相径庭的即为园林。作为一个独立发展的体系，它自有其相当丰富的内容。而中国古代园林在山、水、树、石、屋、路及其附设建筑与环境设施的配置、空间组织、意境的处理等方面都达到相当的水平（图1-22）。

图 1-22 中国古代园林在山、水、树、石、屋、路及其附设建筑与环境设施的配置、空间组织、意境的处理等方面都达到相当的水平

此外，塔与桥在中国古代城市空间环境中是具有纵向和竖向的地标性构筑，且建造历史悠久。随着佛教寺庙的兴盛，塔的建造曾在北魏时达到顶峰，以后许多朝代虽然时衰时兴，但其发展的势头一直保持到明清。我国古代城市中的桥梁多为梁桥和拱桥。北宋汴京（开封）的虹桥虽不复存在，但它在城市环境中无论如何都是一件动人的艺术作品（图1-23）。

唐朝的长安和北京城（元代和明清时期），清晰的街坊结构和笔直的街道，以及城墙和城门无不反映了"礼"的思想。古代封建社会的庙宇、市肆、园林、码头等处的公共环境设施，在当时是世界上比较发达的，例如在古代陵墓、宫殿、庙宇、园林周围就建有牌坊、华表和碑亭等各种特有的纪念性环境设施。宋代画家张择端的长卷作品《清明上河图》，描绘了当时店铺、街道中的各种招牌、门头、商店幌子等，真实反映了北宋时期京都汴梁的繁荣景象。

图 1-23　在中国古代城市空间环境中，塔与桥是具有纵向和竖向的地标性构筑，具有鲜明的特点，且建造历史悠久

由此可见，在中国古代城市空间环境中，环境设施主要围绕墙垣、门阙、道路与园林等空间来设置，并体现一定的礼制观念。古代具有安全性的城市设施与环境设施包括城墙、院墙、沟渠、水池、角楼等，具有信息性的城市设施与环境设施包括钟楼、鼓楼、旗杆、招牌、招幌等，具有装饰性的城市设施性环境设施包括石幢、桥、塔、照壁、石桌、石鼓、铺地、彩灯、伞盖等，具有服务性的城市设施性环境设施包括路亭、雨廊、踏道等，具有礼仪性的城市设施性环境设施由于涉及礼制、庆典与宗教活动则类型更多，包括华表、石狮、牌楼、牌坊、石门、石柱、石碑、经幢、香炉等等，从而形成中国古代城市环境设施独具特色的构成系统。

只是步入近代，由于中国工业化起步比较晚，经济比较落后，现代化的城市形态形成较晚，环境设施的建设即远远落后于西方发达国家。中国建筑与城市建设向近代的转化应始于清末同治和光绪时期的洋务运动，所谓"中学为体、西学为用"，新的时代需求，要有新的技术与形式配合。特别是甲午战争之后，外国资本主义列强冲破了中华帝国的万里长城，使中国社会开始发生变化。在城市建设中，建筑材料及结构，建筑类型和形式开始逐渐向延续千年的传统提出挑战。在中国的各个租界城市（如上海、天津、青岛、哈尔滨、汉口、大连、广州等），这一转变更为明显：电灯、电话、电影、自来水、便利的交通工具与设施，以至新式的学校、银行、信息流通渠道等等（图1-24）。它们改变着中国往日城市的面貌，推进着近代化的进程。20世纪30年代后，西方建筑和城市思潮更进一步影响中国主要城市的发展，使各种便利的交通设施与环境设施更为普及。

图1-24　步入近代中国工业化起步阶段的城市风貌及环境设施造型

新中国建立以后，中国城市发展进入一个新的发展时期，到1978年，围绕工业化建设生产型城市成为近30年来城市发展的主要特征，城市成为工业生产的聚集地，在一系列工业跃进运动中，我们的城市如沈阳、长春、重庆、徐州、兰州、上海等似乎已变成了一座座专门生产拖拉机、汽车、自行车、建筑机械或雪花膏、洗衣粉的职能城市，变成了一架架功能单一的超级工业机器，而城市市政基础设施和居民住宅建设却没有受到相应的重视。城市风貌伴随着国家经济的恢复与发展，以及政治导向的影响，从而经历了曲折的摸索。以当时城市广场照明灯具为例，北京天安门广场与长安街具有民族特色的华灯，就可在当时各个省市市政广场见到。其后"文革"中具有革命象征意义的宣传类标语塔、主席像更是风靡全国，时至今日在国内还能见到它们的身影（图1-25）。

图1-25　北京天安门广场与长安街具有民族特色的华灯，现在广西桂林市市政广场也可见到

改革开放以来，我国城市化进程也进入了生机旺盛的时期，城市面貌也已呈现一派兴旺发达的景象。从20世纪80年代后期开始，随着国家经济的高速发展，房地产业迅猛抬头，城市空间的建设与改造也逐渐升温，并规模越来越大。作为城市空间的重要组成部分，环境设施的设计与创作也进入一个新的发展时期。20世纪90年代，尤其是进入21世纪以来，伴随着人们环保意识和精神需求日益增强，以及人们对生活质量要求的不断提高，越来越多的城市市民开始重视空间环境的丰富、和谐与活力营造。环境设施设计也逐渐得到相应的重视，至今已发展成为城市空间中一个专门设计的领域（图1-26）。如今，中国城市中环境设施的类型越来越多，造型样式更加多样，服务功能更为丰富，并向着系列化、标准化、通用化、模块化、智能化、节能化等层面迈进，直至走向城市空间的各个方面，成为满足现代城市建设服务需求，进一步协调人与城市空间环境关系的重要因素。

图 1-26　进入 21 世纪以来，中国城市中环境设施的类型越来越多，造型样式更加多样，服务功能更为丰富，并向着系列化、标准化、通用化、模块化、智能化、节能化等层面迈进

图 1-27　国内城市环境设施的发展现状及存在的问题

a）城市公交车站站廊、站牌与垃圾筒等各自为阵，功能间缺少联系

b）环境设施造型千篇一律，不分场所，欧陆风格充斥南北城市大街小巷

c）城市环境设施布局无系统，且管理不到位，破损后长期得不到更换

d）有"山水甲天下"之誉的中国旅游名城，环城水系上充斥多座仿建的欧洲名桥，城市文化内涵应如何展现

e）场所精神缺失，环境设施设置索然无味

f）城市环境设施设置没有标准，服务功能不能得到有效发挥

　　回望国内城市环境设施的发展现状，其特点与问题可归纳为以下几点（图1-27）：

　　（1）环境设施功能不够健全　功能是城市环境设施设计需要考虑的重点，随着时代的发展，人们对设置在城市空间环境中的环境设施需求也随之发生着变化，然而目前不少城市的环境设施在功能上都不够健全。表现在单个环境设施设计方面，如目前城市中的多数过街天桥，普通人均可以正常使用，但是对于使用轮椅的残疾人来说要通过过街天桥确实是一个难题，可见过街天桥在这个方面就存在功能不够健全的问题。又如城市街道中垃圾桶的设计，作为人流量较大的区域，不可避免地会有不少吸烟者，烟蒂虽然属于垃圾，但是由于其具有引燃其他物品的危险，不能直接丢入垃圾桶，因此在垃圾桶上增加灭烟器皿是必不可少，可实际上不少城市街道设置的垃圾桶上没有灭烟器皿，其功能上显然存在着缺陷与不足。表现在组群环境设施设计方面，城市空间环境中形成组群关系的环境设施不多，且在功能上也不配套。如城市中的公交车站，很少有配套齐全形成组群关系的，从而导致其功能不完善，更不能满足城市中日益增长的发展需要。

　　（2）环境设施造型千篇一律　从当前城市环境设施造型来看，由于现在城市空间中的环境设施大都采用厂家的预制品，这些预制品仅在单体造型上有孤立地进行设计，加上要批量生产，因此在环境设施的形态、色彩、材质上几乎一样，基本上不考虑环境设施使用城市空间环境的特色塑造，从而造成了城市环境设施造型千篇一律，城市环境设施形象千城一面。不仅改变了城市应有的独特视觉文化形象，更是造成国内南北城市一个形，东西城市一个样。这一方面是城市规划、管理等相关部门对环境设施设计在认识上出现有偏差；另一方面就是对环境设施设计不重视，直至产生一定的误解，这也是当前城市空间环境中出现"中国城市西方化、国内城市趋同化、公共空间雷同化"环境设施现象的根本原因所在。因此，在国际化的大趋势造成在全球范围的趋同化影响下，如何在城市环境设施中体现中国特有的地域性、文化性和历史性特点，显然是城市空间环境建设中必须引起重视、值得关注与思考的课题。

（3）**环境设施布局无系统性**　在城市空间中，环境设施设置与周围环境之间没有联系，缺乏布局的系统性更是当前国内城市普遍存在的问题。所谓系统性，是指由组合关系和聚合关系所构成的严整而有序的规则秩序。从当前城市环境设施布局来看，环境设施不同于一般的产品，虽有其自身的特征、功能和属性，但在城市空间环境中，环境设施是布置在不同场所空间之中，如何使环境设施与环境、环境设施相互之间体现出相互内在的联系，以形成和谐一致的城市空间环境整体形象，显然是城市环境设施布局与设置中应追求与实现的目标。然而事实上，现在许多城市环境设施由于有多家单位各自为政地进行，如城市空间中的报刊亭、邮箱、电话亭等由邮政部门设置与管理；垃圾箱、公共厕所、烟灰缸与洗手盆等由环卫部门设置与管理；城市轨道与公交车站的候车亭廊、停车场与加油站、路障设施、人行天桥等由交通及市政部门设置与管理，从而造成城市空间中环境设施设置上五花八门、形态各异现况的根源所在。此外就是在城市空间布局上不平衡，环境设施的设置在部分城市区域、路段配置较为完善，部分城市区域、路段配置则较为薄弱与相对不足，这些都是城市相关部门需要系统考虑的问题。

（4）**环境设施缺少文化内涵**　我们知道，文化建设是城市发展的重要内涵，城市市民的道德倾向、价值观念、思想方式、社会心理、文化修养、科学素质、活动形式、传统习俗、情感信仰等因素是城市文化建设的综合反映。而文化是包含多层次、多方面内容的复杂体系。文化具有民族性，同一民族应表现着共同的地域特征、共同的经济关系、共同的语言、共同的心理以及共同的伦理道德等，同一民族有相同的文化，同一民族的文化结构是共同的。

城市风貌特色塑造与文化内涵的挖掘，应该说近年来在国内城市建设中一直是引起关注的问题，从山西平遥古城到周庄古镇，以及历史文化名城、传统街区与文化古迹，虽然在城市建设中受大拆大建改造方式的影响很大，但在创造有特色和现代感的城市风貌方面还是作出力所能及的努力。可是在城市环境设施方面，伴随着城市建设快速发展的步伐，城市空间中的环境设施虽然也呈现焕然一新的景象，但文化内涵的展现尚未引起应有的重视。国内诸多城市在建设中只要涉及环境设施配置，基本上采用的是拿来主义，简单照搬照抄了事。要不只是对国外已有环境设施做一些微小变动就不分场合设置使用，从而导致不同城市的风貌特色与文化内涵得不到体现。如我们在有"山水甲天下"之誉的广西桂林这个世界著名风景游览城市和历史文化名城，其城市中两江四湖环城水系可以说是城区的灵魂。但是在这个环城水系上，主要是将数座欧洲名桥建在其上，两岸设置欧式护栏、休息座椅与服务商亭。虽然该景区被称之为桂林城区最亮丽的一笔及城市名片，但我们不禁要问桂林作为最具中国山水文化印象之城，到底应寻求什么样的文化内涵来展示其独具魅力的城市风貌特色呢？可见如何为城市风貌特色塑造与文化内涵挖掘增添光彩，无疑也是需要我们深入探索的课题之一。

（5）环境设施场所精神缺失　场所精神本质上是一种人本主义的观点，它旨在剖析场所的本质，从而达到传递场所特定气氛的目的。场所精神是人与环境互动产生的，是人对于客观场所的主观感受。场所精神决定了场所的特性和本质，代表着场所的特有的氛围，最终上升到精神层面。而环境设施在城市空间环境应具有场所精神，既是城市空间中不同的场所因人们的活动需求不同，其内容与性质不同的需要，也是人们在不同的场所表达情感与精神追求不同的反映。

然而城市环境设施当前在场所精神营造方面显然存在差距，诸如不少城市为了满足城市交通的需要，以挤占人行道的方式拓宽机动车道，使步行者不得已进入机动车道行走，增添了交通的危险性；车行道与人行道之间缺乏应有的隔离设施，步行空间因而缺少安全感。传统街道空间本来凝聚着丰富的城市文化魅力与生活气息，街道与生活空间相互渗透，融为一体。但是，现在街道空间提供给步行者的整体环境水平不高，设置在城市街道空间中的环境设施缺少与人交往的场所，由此造成其场所空间缺乏活力。城市中心区域无法形成完整宜人的公共空间场所，使人们无法自由自在的参与其中，不少设置在其间的环境设施发挥不了作用。而城市休闲场地的基本需要得不到满足，使游人匆匆而过，很少停留。这些城市空间中环境设施设置存在的不足，正是场所精神缺失的直接显现。

（6）环境设施设置没有标准　从国内城市环境设施设置来看，目前国家与地方尚未出台统一的相关规范标准，加上城市环境设施类型繁多，相关部门虽然有统筹规划的意愿，但如何统筹规划则缺少可依据的标准与系统的指引，迫切需要能够改变当前管理可依标准与实施指引滞后的局面。尤其是城市空间中一些新兴的环境设施、城市高新区、CBD这类新型开发建设区域等环境设施应如何设置？城市环境设施的设置应如何更好地发挥其服务功能等……当前只是在沿海及经济发达城市中，如珠三角城市珠海、深圳见到这个方面的探索，国内诸多城市及国家与地方相关部门还有待以积极的姿态来面对这个问题，以使城市空间中环境设施的设置能够尽快纳入规范管理的轨道，直至更好地为城市建设与广大市民服务，并让城市市民生活得更美好。

1.3　城市环境设施的功能作用

　　随着人们对于生活质量的要求日趋提高，城市环境设施的设计也逐步受到人们的重视，甚至成为衡量城市发展建设程度的重要因素。就功能的定义来看：它是指对象能够满足某种需求的一种属性，凡是满足使用者需求的任何一种属性都属于功能的范畴。环境设施的功能是面向城市大众公共服务的，其功能作用必然是与城市大众的公共需求密不可分，同时也对社会发展、区域环境与审美态度产生积极的影响。城市环境设施的作用主要包括使用、审美、文化与附属功能等（图1-28）。

图 1-28　现代城市环境设施的功能是面向城市大众公共服务的，其作用包括使用、审美、文化与附属功能等的呈现

　　（1）使用功能　使用功能是具有物质使用意义的功能，而环境设施的使用功能具有客观性。作为城市空间环境中具有公共性的环境设施，通过使用功能服务于城市大众的公共需要是其基本的功能条件，也是环境设施与城市大众之间最基本的一个关系，因而具有普遍性。环境设施适用于城市空间环境中不同人群的公共需求，包括使用、便利、安全、防护、信息服务等。例如城市广场周边的休息座椅能为人们提供交流休息的功能，街道边上设置的护柱用于阻拦车辆驶入，以保护行人安全等。环境设施的这些使用功能都是其外在显现，也是为城市大众所感知到的物质功能作用。此

外，环境设施还具有分隔空间的功能，利用设计布置的形式上的不同，通过改变环境设施的布置形态、数量、空间等手法，在城市空间环境中能够发挥出重要的空间划分及营造作用。

（2）**审美功能**　环境设施的审美功能，是指通过物体本身所具有的审美价值而产生的对于人们的愉悦、吸引与鉴赏作用。在城市空间环境中，环境设施总是置身于不同空间场所，不管是在建筑外部还是内部，均需与其空间场所共同构成一个整体。因此，对城市环境设施的设计、选用与设置等必须考虑它所处空间环境的特点，应结合所设场地的性质等因素来确定其类型、形态、尺寸、规模、位置、色彩、肌理等设计要素的运用。同时，具有宜人的尺度、优美的造型、协调的色彩、恰当的比例、舒适的材质的环境设施，不仅能向人们展示其形象特征，给予人们生活、交流、学习和休闲等需要带来审美效果，并且也能反映一个城市、社会、地域与民俗的审美情趣，表达着城市大众的美感追求。

（3）**文化功能**　不同城市具有各异的文化风貌，这种风貌都是通过城市空间环境中各种建筑造型、空间场所、环境设施等区别于其他城市。环境设施的文化功能，就是指其在反映城市文化意蕴、展示场所文化个性的过程中发挥重要的作用。环境设施作为提供公共服务的产品，其文化功能的表达有直接与间接两种形式。直接性的表达即以特殊符号标志的构件直接表现文化、历史或理念，例如城市空间环境中传统文化街区或建筑周边的环境设施，就可以具体的符号性构件形式出现。间接性的表达是指很多设施表达相对软性和含蓄，采用抽象的形式、图案或背景性的环境音乐等，与环境设施的功能性结合较好，这在现代城市广场应用较多。如中国澳门大三巴牌坊前城市广场的地面铺装，其波浪形石地面图形就展现出南国滨海城市特有的地域文化风貌，其丰富的视觉审美，让人们记忆深刻，又丰富了城市空间环境的文化内涵。

（4）**附属功能**　附属功能是指在实现基本功能目标的基础上，对基本功能起附属作用的功能。环境设施在城市空间环境中的附属功能，是指在城市环境设施的主要功能之外，同时还具有的其他使用功能。如在候车亭设置广告牌，路灯上悬挂指路标志，休息坐具下安装照明灯具等，这些都属于附属功能。另外，由于环境设施在城市空间环境中大多作为一种功能性设施直接服务于大众，从而能够有效地引起社会大众的关注与参与，因此，通过环境设施的合理设计和设置，还能引导和规范公众良好的社会意识，形成良好的城市市容和整体形象。如通过城市无障碍环境设施的设置，能引导广大市民对残疾和老幼人群的关爱；通过城市交通类环境设施的设置，能促进城市秩序化的建立；通过城市配景类环境设施的设置，能鼓励和提升城市市民大众美学意识的形成。

由此可见，成功的环境设施一定是会得到城市中广大市民认同的，并能与人潜在的各种行为意识和审美心理形成良好的互动关系。上述环境设施在城市空间环境中的这四种功能，常常呈现出因物因地而异的特点。

1.4 城市环境设施的构成类型

对城市空间设施构成类型的区分，在不同的设计领域由于原则的不同会出现各不相同的结果，各个国家、地区对环境设施做出了不同的分类与解释。由于我们观察和研究事物的目标不同，对城市空间设施类型的区分也应满足不同的需要。然而类型的区分主要在于捕捉事物的现象和未来发展方向，需从整体上加以观察并进行划分。

通常来说，城市空间设施的类型区分大致可从以下几个方面来进行划分，即从使用方面分类、从管理、经营方面分类、从生产制作方面分类。例如，以公共汽车站为例：从使用方面，公共汽车候车站应具有遮阳篷、时刻表、休息椅、废物箱、公用电话等配套设施，从管理、经营方面，要求就更复杂，它应与汽车公司、交通管理及城市规划等部门较好地配合，从生产制作方面，要求功能合理、材料使用适当，并具有安全性和工艺加工简单等。可见，单从一方面进行分类是不够的。

城市空间设施的类型区分严格地说，应包括众多因素，深受功能、文化、地域、生活习俗差异及环境特点等的影响。因此，不同国家、地区对环境设施的分类也各不相同。

1. 国外城市空间中环境设施的类型划分

国外把环境设施的分类纳入城市设计和景观建筑研究之中，涉及的内容包括：开放空间、地标、道路及各种装饰、道路景观、招牌广告等（图1-29）。

如英国的城市空间环境设施一般分为：

High Mast Lighting（高柱照明）

Lighting Columns DOE Approved（环境保护机关制定的照明）

Lighting Columns Group A（照明灯A）

Lighting Columns Group B（照明灯B）

Amenity Lighting（舞台演出照明）

Street Lighting Lanterns（街路灯）

Bollards（止路障柱）

Litter Bins And Grit Bins（垃圾箱、消防沙箱）

Bus Shelters（公共汽车候车亭）

Outdoor Seats（室外休息椅）

Children's Play Equipment（儿童游乐设施）

Poster Display Units（广告塔）

Road Signs（道路标志）

Outdoor Advertising Signs（室外广告实体）

Guard Rails，Parapets，Fencing and Walling（防护栏、栏杆、护墙）

Paving And Planting（铺地与绿化）

Footbridge For Urban roads（人行天桥）

Garages And External storage（停车库和室外停车场）

Miscellany（其他）。

德国的城市空间设施一般分为：

地面铺装、路障和栅栏、照明、店面、屋顶、坐具、植物、水、游具、艺术品、广告、引导与询问处、标志牌、坡璃橱窗、售货亭、电话亭、销售陈列摊位、垃圾桶、自行车停车架、钟表、邮筒（箱）等。

图 1-29　英国、德国及日本城市空间中不同类型的环境设施

　　日本对环境设施分类形式较多，在城市空间与景观设计中把相关的环境设施及景观物体作为主要内容予以介绍，并根据环境设施的功能用途加以分类，如休息类环境设施、美观装饰类环境设施、游娱健身类环境设施、庆典类环境设施、信息类环境设施、贩卖类环境设施、供给管理类环境设施、残障人专用环境设施、交通运动类环境设施、围限类环境设施、地标类环境设施等。在城市道路景观设计中，其专项设计内容就涉及环境设施分类——道路本体（路面装修等）、道路栽植（树木、草坪等）、道路附属物（标识、防护棚等）、道路占有物（电杆、停车场）、沿道广告（招贴、

广告）、沿道围墙、沿道空地（广场、公园、河川等），以及地下部分（地下通道、地铁站、地下商业街、地下广场）等，且显得十分具体。

2. 国内城市空间中环境设施的类型划分

据资料记载，国内对环境设施进行翔实分类的是梁思成先生。1953年他在给考古工作人员培训班所作演讲中，将其分为园林及其附属建筑、桥梁及水利工程、市街点缀、建筑的附属艺术等。在20世纪90年代以前，环境设施主要以功能和设置地点进行类型划分，如园林环境设施包括门、窗、池、亭、阁、榭、舫、桥、廊等；城市空间设施包括院门、宣传栏、候车廊、加油站等；建筑环境设施包括墙栏、休息座椅、铺地、花坛等；街道雕塑环境设施包括城市街道园林中的各类装饰雕塑等。此外，也有按照环境设施的功能将其分为两类：

其一是以功能型为主的环境设施，如电话亭、候车亭、垃圾桶、路灯、公厕、广告牌、指示牌、邮筒、书报亭等；

其二是以景观型为主的环境设施，如行道树、花坛、喷泉、雕塑等户外艺术品、地面艺术铺装等。

我国台湾地区则将城市空间设施分为自然景致、街廊设施和建筑物景观三部分。其中，自然景致指山水和绿地种栽；街廊设施包括铺面、交通标志、旗杆、路灯、告示牌、水池、雕塑、座椅、花坛、电话亭、邮筒、垃圾桶、棚架、候车廊、牌坊、地下道出入口、通风口等；建筑物景观是指除建筑立面及总体以外，还有门、窗、阳台、排烟管、晾衣架、广告、屋顶灯箱等。

国内对环境设施的分类，因环境设施具有其"公共性"的意义，为此按照城市空间中人们行为活动场所的不同，即城市空间由城市各类建筑组群与广场、道路与节点、桥梁与隧道、绿地与公园、水体与地貌等要素所组成，它们是城市空间的主要内容，也是城市空间设施设置的主要空间场所。而处于城市空间各个区域内的环境设施也相应具有特殊的需要，其环境设施按使用性质可划分为置景设施、休憩设施、便利设施、通用设施、其他设施等（图1-30）。其中：

置景设施——包括环境雕塑、树木绿篱、种植花坛、活动器物等；

休憩设施——包括亭廊棚架、休息坐具等；

便利设施——包括导向系统、售货商亭、人行天桥、地下通道、公共厕所、路灯、垃圾箱、饮水器、自动取款机与售货机、停车场地、行李寄存、时钟塔、洗手台、围栏、消防设施、给水排水设备等；

通用设施——包括坡道、无障碍、充电站、充电桩、路面铺装、移动厕所或楼梯等；

其他设施——包括各类游乐与健身设施等。

图1-30 按使用性质将环境设施分为置景设施、休憩设施、便利设施、通用设施、其他设施等类型

基于目前国内对环境设施分类的实际情况，即环境设施之数量庞杂、种类繁多，加上多部门管理、法规欠缺，为便于对城市空间设施整体上的把握，本书按照城市空间中环境设施的功能需要，我们将城市空间设施具体划分为以下九类（图1-31）：

（1）**城市信息类环境设施** 包括各类标识、告示及导向系统，广告与店招，公共电话亭、城市wifi亭、邮筒、邮箱与智能快递投递箱，电子信息显示系统、计时装置与公共时钟等。

（2）**城市交通类环境设施** 包括城市轨道与公交车站的候车亭廊、停车场地与共享单车、加油站与充换电站、人行天桥与地下隧道、路障设施与地面铺装及城市交通环境中的管理装置、街头巷尾的便民服务设施。

（3）**城市卫生类环境设施** 包括垃圾箱、公共厕所、空气净化器、烟灰缸与洗手盆等。

（4）**城市照明类环境设施** 包括城市道路、广场、建（构）筑物体与环境场地等的各类照明灯具等。

（5）**城市服务类环境设施** 包括各类固定与可动式休息坐具、亭廊棚架、服务与售货商亭、自动取款机与售货机、饮水器及相关市政设施等。

（6）**城市配景类环境设施** 包括环境雕塑、壁饰、水景，绿植与花坛、景墙、景门与景窗，活动景物等。

（7）**城市康乐类环境设施** 包括游乐设施和健身设施等类型等。

（8）**城市管理类环境设施** 包括城市空间中的各类管理设施、消防设施与防护设施等。

（9）**城市无障碍环境设施** 包括针对移动、视觉与听觉等障碍残疾人和老年人等能力丧失者的环境设施等。

信息类　　　　　　　交通类　　　　　　　卫生类

照明类　　　　　　　服务类　　　　　　　配景类

康乐类　　　　　　　管理类　　　　　　　无障碍

图 1-31　城市环境设施的类型划分

　　以上各类城市空间环境设施的划分及其构成特点的解析是相对的而非绝对的，某一种城市空间设施很可能会出现归属重叠的现象。例如饮水器既可以属于休息类城市空间设施，也可以属于服务类城市空间设施。而环境设施的划分及其构成特点的解析的目的是为了让我们更加深入地去体会城市空间设施的丰富与日臻完善，同时也会使我们在城市空间中的环境设施设计时能够更好地去把握其设计的概念。

第2章　城市环境设施设计的基础

2.1　相关理论的导入

城市环境设施设计是一种创造活动，不同的设计理论与观念对设计师会产生不同的影响，从而设计出完全不同的设计创作作品出来，为此树立正确的设计观是成为一个合格设计师的必备条件。纵览当代城市环境艺术设计的发展可知，作为城市空间重要构成因素的环境设施，伴随着时代与城市的发展，其设计创作实践也受到不断涌现的相关设计理论的影响，针对不同城市空间与场所环境的实际需要，在其环境设施设计创作实践中导入相关设计理论，从而推动城市环境设施设计创作实践的发展，无疑是设计师们需要深入研究及准确把握的，切不可等闲视之。

通过对相关设计理论的梳理，我们认为对城市环境设施设计创作实践产生影响的相关理论主要包括以下内容。

1．城市空间理论

城市空间的实践和理念已经有了久远的历程，从霍华德的田园城市到雅典宪章到如今的生态城市、城市经营等理论等，可知其理论层出不穷，对世界城市的发展产生了深远影响及巨大的推动作用。就城市环境设施设计来看，对城市空间理论的把握及其在创作实践中的导入，则是进行城市环境设施设置规划与造型设计的基础（图2-1）。

图 2-1　从霍华德的田园城市到雅典宪章、马丘比丘宪章到如今的生态城市理论

就空间认识来看，早在古希腊时期，哲学家亚里士多德（Aristoteles，公元前384—前323年）即提出，空间是一切场所的总和，是具有方向和质的特性的场（field）。从亚里士多德时代至19世纪初，人类对空间的认识与其说是亚里士多德的，莫如说是以欧几里德（Euclid，约公元前300年）的几何学为基础，以"无限、等质，并为世界的基本次元之一"作为空间的定义。直到19世纪初，康德（L.Kant，1724—1840年）仍把空间同事实现象加以区别，并看作独立的、人类理解力的一个基

本的先验（apriori）范畴。

从建筑理论中的空间认知来看，当布鲁诺·赛维（B. Zevi）首次把建筑定义为"空间艺术"时，一个全新的品评建筑与城市的时代已经到来。S·吉迪恩（S. Giedion）在《空间·时间·建筑》一书中，把空间问题作为现代建设发展的中心，在他后来的著作中，也把建筑史纳入"各种空间的概念化"体系中。在建立建筑空间概念上，S·吉迪恩恐怕是最有贡献的理论家。

挪威建筑理论家诺伯格·舒尔茨（Norberg Schultz）认为：建筑空间与其说是从属于体验，毋宁说是具有可以体验的结构。他对空间解释为：实用空间把人统一在自然、"有机"的环境中；知觉空间对于人的同一性来说是必不可少的；存在空间把人类归属于整个社会文化；认识空间意味着人对空间可进行思考；理论空间则是提供描述其他空间的工具。这一顺序说明，以实用空间为底边，以理论空间为顶点，逐步抽象化，是其空间概念划分的主要特点。

从城市空间理论来看，美国著名城市规划设计理论家凯文·林奇（Kevin Lynch）以我们居住的现代城市的具体问题作为出发点，提出："环境的意象，亦即外部物理世界一般化的精神绘图……这一形象是直接感觉和过去经验记忆的共同产物，为了解释情报或指引行为而使用……取得良好的环境意象者，可得到情绪安定的重要感觉。"林奇所说的"意象"概念，是与前述的空间图式相对应的，是把环境（城市）与存在空间联系在一起所进行的解释。对此林奇比较形象地比喻道："这个世界往往是组织在一束焦点群的周围，分割成被命名的各个领域，由记忆的路线所结合。"

卢森堡建筑师、城市设计师和建筑理论家罗伯·克里尔（R. Krier）在其《城镇空间》一书中将其描述为："包括城市内和其他场所各建筑物之间所有的空间形式。这种空间常依不同的高低层次，几何地联系在一起，它仅仅在几何特征和审美质量方面具有清晰的可辨性，从而导致人们自觉地去领会这个外部空间即所谓城市空间。"

从相关城市空间理论来看，城市环境的营造显然是城市环境艺术设计研究的重点之一，因此，将城市空间理论导入到城市环境设施设计的研究也是必然。奥地利建筑师、城市规划师、画家暨建筑理论家卡米洛·西特（Camillo Sitte）在《依据艺术原则建设城市》一书阐释了艺术原则对城市空间实体与空间的相互关系，并提出了重心是研究设计的艺术性和街道广场的装饰。罗伯·克里尔在《城镇空间》一书中指出："任何一个新建筑，必须符合整个城市的结构逻辑，能够在设计中，对已经存在的空间格局给出正式的解决方案。"书中对城市空间和建筑之间的辩证关系进行了归类，并以大量的实例来研究城市空间中广场和街道这两大城市构成要素。

美国学者哈米德·胥瓦尼（Hamid Shirvani）在《都市设计程序》一书中列举了城市设计的八种要素，即"土地使用、建筑形式和体量、交通与停车、开放空间、人行步道、公众活动、标志、保护和维护"。而Allan B.Jacobs 在《城市大街：景观街道设计模式与原则》中分析了城市街道的类型，阐释了传统范式创造城市街道空间的新理论。

这些成果都对城市环境设施设置规划与造型设计研究与创作实践中的基础调研、空间分析、功能定位、布局配置与造型设计工作均具有指导性的意义与应用价值（图2-2）。

图2-2　城市空间理论方面相关学术著述

2. 行为科学理论

行为科学（Behavioral Science）是研究人的行为或人类集合体的行为，在心理学、人类学、社会学、经济学、政治学和语言学等边缘领域协作的一门科学。它起源于20世纪20年代末30年代初的管理工作实践，发展于20世纪50年代。被命名为行为科学是在1949年美国芝加哥的一次跨学科的科学会议上。行为科学作为一门集多门学科为一体的理论和方法，主要研究人的行为产生发展和转化规律，直至于可以预测和控制人的行为。其基本内容包括个体行为、动机与激励、群体行为与组织行为等，在当今社会应用领域非常广泛。

环境行为与心理研究，是行为科学理论应用于广义建筑工程领域发展起来的新型交叉学科，涉及建筑学、城市规划、园林景观、环境艺术、生态保护、心理学、社会学、地理学、人类学、生态学等多门学科。通过环境政策、规划、设计、教育等手段，以"人体—动作—空间—场所—环境"为主线，使设计师和相关从业者在城市建筑与环境设计中正确运用人体工程学、环境行为学和环境心理学的基本知识，创造出更加安全、健康、高效、舒适、美观和宜人的生活和工作环境（图2-3）。

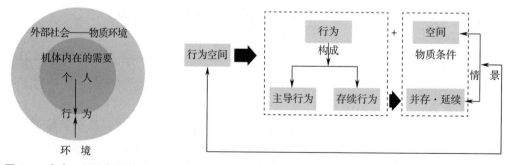

图2-3　个人、行为与环境的关系及其行为空间的构成图

　　在环境行为与心理研究中，环境行为学（Environment Behavior Studies）是研究人与人周围的各种尺度的物质环境之间的相互关系的科学。它着眼于物质环境系统与人的系统之间的相互依存关系，将环境和人的因素两方面结合起来进行研究。环境行为学研究的内容涉及社会学、心理学、生物学等诸多学科的问题。其方法主要通过观察人类生活方式、行为习惯，以及其与居住环境、生态环境之间的相互关系，从而更好地理解人类的行为活动、生活态度及其价值观。

　　环境行为学导入城市环境设施设置规划与造型设计，其一可通过研究人们在现代城市空间环境生活中的需要、欲望、情绪、心理机制等因素，分析行为个体之间的差异，可以使设计出的环境设施与使用者及使用环境三者协调统一。其二由于环境包含客观存在的实体环境及社会、文化环境两个层面，因此除了强调人的行为因素之外，同时也建立起与生态学、地理学、法学等相关学科之间的关系，以运用多学科的知识为使用者服务（图2-4）。

图 2-4　城市空间不同环境中人们呈现各不相同的行为与心理需求

　　环境行为学在城市环境设施设置规划与造型设计中，强调以系统论的观点来分析行为与城市空间环境之间的关系，认为环境是行为的潜在因素，个人是决定行为的主要因素，行为是与环境相互作用的决定因素。因此，在进行环境设施设计时，要结合人类工程学、环境心理学及生态环境学等学科的知识完善设计。环境行为学在城市环境设施设置规划与造型设计中的导入，使设计师在设计中能够更为全面地理解、考量人与环境的关系，以为环境设施设计提供新的思考视角与研究手段。

　　而环境心理学（Environmental Metaphysics）是20世纪60年代末从心理学研究中分离出来成为一门独立学科，涉及心理学、社会学、地理学、文化人类学、城市规划、建筑学和环境保护等多门学科。它是研究环境与人的心理和行为之间关系的一个应用社会心理学领域，又称人类生态学或生态心理学。环境行为学研究需要心理学、生态学、行为学等诸多学科领域知识的相互交融。其研究内容主要涉及人、环境、建筑之间相互协调的关系，包括城市、建筑和自然环境与人的行为关系。主张以科学的手段，使物质文明与精神文明之间达到平衡。

　　城市环境设施设置规划与造型设计与环境心理学有着密切的关联，人的心理活动是指人们对环境的认知与理解，其需求包含物质的和精神的两个层面，其一即环境条件的便利，设备的齐全，以使环境设施在城市空间环境发挥其功能；其二即构成城市环境设施设计的造型、色彩、材质、位置等，蕴含着人对环境的知觉与情感的信息，使人产生精神的愉悦与满足。人们在城市空间环境中的行为通过生理体验、心理体验、社会公众体验达到实现自我体验，产生成就感及归属感。通过对城市空间环境中人的心理活动的探索，将环境心理学研究成果运用于城市环境设施设置规划与造型设计实践，从而与人们心理反应产生共鸣，达到对城市空间环境的认同。

　　行为科学理论为城市环境提供了理性的科学依据以及感性的判断方法。行为科学理论是对环境行为学与心理学的探讨，研究的是人在特定的环境中的不同的行为反应和心理倾向，从而为环境设施设计更好地适应人们在城市生活中的各种生理和心理的需求，从理论上起到引领作用，其意义和作用是巨大的。

3. 场所精神论

　　"场所"其含义从狭义可解释为"基地"，也就是英文的Site。在广义可解释为"土地"或"脉络"，也就是英文中的Land或Context。从建筑学的角度来看，"场所"在某种意义上是一个人记忆的一种物体化和空间化。从城市学的角度来看，也可解释为"对一个地方的认同感和归属感"。

　　环境设施存在于城市这个大环境中，就必然存在于城市某一具体的场所之中。我们进行环境设施研究，必然要对其依托的场所进行分析，了解场所空间的大小、性质、形态及其他相关因素。只有把场所自身的问题弄清楚，我们才能有的放矢、切合实际地进行环境设施的设计。

　　而"场所精神"（Genius Loci）是挪威著名城市建筑学家诺伯舒兹（Christian Norberg-Schulz）在1979年提出的，他在《场所精神——迈向建筑现象学》这本书中，提到早在古罗马时代便有"场所精神"这么一个说法。古罗马人认为，所有独立的本体，包括人与场所，都有其"守护神灵"陪伴其一生，同时也决定其特性和本质（图2-5）。

　　场所是一个可大可小的概念。如果将其作为一个大概念，我们可以讨论城市广场、街区广场、公园绿地，如果将其作为一个小概念，我们可以讨论小区的公共场地、校园一隅、街道一角。在环境设施设计研究中，场所空间的大小并不是我们特别关注的地方，我们希望了解场所设计的一些基本原则、场所中人们

图2-5　诺伯舒兹所著《场所精神——迈向建筑现象学》一书

的活动规律以及现代城市场所的发展趋势。通过对这些内容的分析，理解人、物（环境设施）、环境（场所空间）这三元素之间的关系。

　　"场所精神"和"环境设施设计"存在着何种关系？对于这点，依据诺伯舒兹提出的理论："当人们将世界具体化而形成建筑物时，人们开始定居。具体化则是艺术创造本身的一个体现，而这与科学的抽象化正好相反。"所谓艺术的具体化指的是由创造思考转为创造物品或创造行为的一个实践。换句话说，不论艺术品本身是幅写实画，或是座抽象雕塑，乃至于当代流行的行为艺术，都是一种具体产生的物品或事件。而这些事与物，便成为解释、表达、或包容人们生活中的矛盾和复杂的一个媒介。艺术作品，经由其介于作者本身和宇宙之间的表现，帮助人们认定"场所"。对此，德国存在主义哲学大师海德格尔（Martin Heidegger）曾说过：诗人并非是不食人间烟火的代表。相反，诗人把人们带入世界，使人们更属于这个地方，进而在此定居。生活上的诗意，也因而使人生具有意义。

　　从这个角度来看，进行城市环境设施设置规划与造型设计的目的，是追求一个更接近于艺术与人类文明的目标。"场所"以及"场所精神"也就成为城市环境设施设计达到这个目标的一个基本条件（图2-6）。

图 2-6　不同场所空间环境设施的设置应体现其特有的"场所精神"
a）新加坡城市市政中心广场空间场所　b）意大利米兰居住区休闲空间场所
c）意大利威尼斯临水观景空间场所　d）大学图书馆前台阶提供人们席地而坐的空间场所
e）现代展示提供人们在其间观赏穿行的空间场所　f）湖北钟祥明显陵遗址公园特有的空间场所

4. 新文化观

　　文化是政治、经济、社会在精神层面上的反映，又对政治、经济、社会产生促进和推动作用。"文化"一词来自于拉丁文的"Culutar"，原义为耕种，它的产生与人类历史一样长，但文化概念的明确提出，还是近现代的事。

文化是一种社会现象，是人们长期创造形成的产物，同时又是一种历史现象，是社会历史的积淀物。确切地说，文化是指一个国家或民族的历史、地理、风土人情、传统习俗、生活方式、文学艺术、行为规范、思维方式、价值观念等。1982年7月，联合国教科文组织举行的第二次世界文化政策大会在墨西哥城召开，在大会《总报告》和《宣言》中，对文化含义做了如此描述："文化是体现出一个社会或一个社会群体特点的那些精神的、物质的、理智的和感情的特征的完整复合体。文化不仅包括艺术和文学，而且包括生活方式、基本人权、价值体系、传统和信仰"；文化是每一个社会成员虽然没有专门学习但都知晓的知识领域和价值观念。"由此可见，文化的含义十分广泛，人类社会所创造的一切成果和人类生活的各个方面，都可以纳入文化的范畴。

文化的发展从传统走向现代，越来越倾向于直接从人生活本身来寻求意义，由此产生的一系列后果即成为现代文化一些特色鲜明的发展趋势，逐渐形成了新的文化观。新文化观的这些趋势即是世俗化、技术化、市场化和多元化（图2-7）。

在人类社会发展的大部分时间里，由于自然地理条件、经济方式、民族特征等各方面的差异，世界各地的文化呈现出鲜明的地域性。而近代社会科技的迅猛发展，地理空间的拓展以及生产方式的突破，使得传统空间意义上的地域概念被打破。新的生产方式和发展模式所提倡的社

图 2-7　社会学家们认为：构成文化的基本要素包括信仰（beliefs）、价值观（values）、符号（symbols）、技术（technology）与语言（language）等内容

会化、标准化、单一化，使得许多独特的地域文化逐渐消失。而全球化在发展初期同样因为片面强调生产、金融、技术等方面的同步与一体化，而造成地域文化多样性和特色的流失。因此，在全球融合与交流的今天，注意保留各个国家、地区、城市、乡村文化的特征，使之形成人类共同的财富，并成为当代社会人们普遍关注与思考的课题。此外，在人类文明的进程中，文化与城市的发展息息相关，城市不仅记载着人类文明演变的成果，不断影响着社会总体文化的发展。反之，文化也促进了城市的进步与发展理念的更新，直至成为城市演进的创造力与原动力。新文化观正是基于这样的

背景提出来的，认为文化应该有更大的包容性、更强的整合性，将现代与传统，人与社会、自然与技术多样统一。

在城市文化特色塑造中，环境设施虽然在城市空间中只是配角与细部，但其面广量大，这些在城市空间环境不易被人们注意到的细微之处，对城市形象的塑造往往起到以小见大的作用，也可成为营造城市文化特色的直接途径。具有特色的环境设施设计不仅能够展现出城市的文化个性，也能形成丰富多彩的城市文化风貌。对以环境设施来营造城市文化特色虽然在近年才引起重视，但是人们对城市环境美的追求却是由始至终的。而对城市文化内涵的分析与挖掘有助于人们对城市空间环境设计背景的理解，而新文化观念在城市环境设施设置规划与造型设计中的导入，对城市文化特色塑造中的环境设施设计的价值取向无疑具有指导意义（图2-8）。

图 2-8　新文化观念在城市环境设施设置规划与造型设计中的导入

5. 绿色设计观

提起绿色，可能人们感到并不陌生，可是对绿色设计，人们的理解却各不相同。同时绿色设计也反映了人们对现代科技文化所引起的环境及生态破坏的反思，体现了设计师的道德与对社会的责任心的回归。

所谓绿色设计GD（Green Design），通常也称为生态设计ED（Ecological Design）、环境设计DFE（Design for Environment）、生命周期设计LCD（Life Cycle Design）。绿色设计是面向其设计物体整个生命周期的设计，它是从摇篮到再现的过程，也就是说，要从根本上防止环境污染，节约资源和能源，关键在于设计与制造，不能等设计物体产生了不良的环境后果再采取防治措施（现行的末端处理方法即是如此），这就是绿色设计的基本思想。可见，绿色设计着眼于人与自然的生态平衡关系，在设计过程的每一个决策中都充分考虑到环境效益，尽量减少对环境的破坏，其核心是创造符合生态环境良性循环规律的整个设计系统（图2-9）。

图 2-9　绿色设计着眼于人与自然的生态平衡关系

　　而"绿色设计观"源于人们对于现代技术文化所引起的环境及生态破坏的反思，体现了设计师的道德和社会责任心的回归。从可持续发展的绿色城市空间环境来看，在具体的城市环境设施设置规划与造型设计中应提倡绿色、环保、低碳、适度的设计理念，倡导节能与健康的现代城市生活方式。而在城市环境设施设置规划与造型设计中导入"绿色设计观"，不仅仅是一种技术层面的考虑，更重要的是一种观念上的更新。它要求设计师们放弃往日那种过分强调在城市空间环境表观上标新立异的做法，而是将设计的重点放在真正意义上的创新层面，以一种更为负责的方法去创造城市空间环境的构成形态、存在方式，用更简洁、长久的造型尽可能地延长其设计的使用寿命，并使之能与自然和谐共存，直至获得健康、良性地发展（图2-10）。

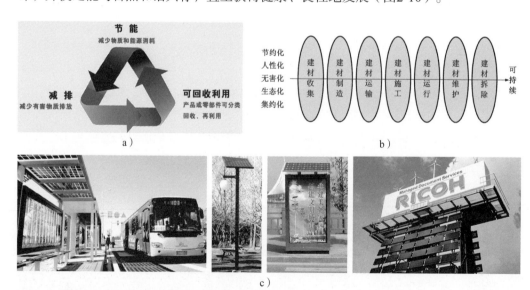

图 2-10　绿色设计观在城市环境设施设计中的应用
a）绿色设计的基本要求　　b）可持续的绿色设计观的基本原则贯穿其设计的整个过程
c）绿色设计观在城市太阳能公交站亭、路灯、广告灯箱及大型告示标牌中的造型实景

就城市环境设施设计而言，可持续发展的绿色设计包括四个属性，即自然属性、社会属性、经济属性和科技属性。就自然属性而言，它寻求最佳的生态材料以支持设施功能的实现，使人类的生存环境得以持续；就社会属性而言，它是在尽可能地发挥最大使用效益的同时，改善人类的公共生活质量；就经济属性而言，它是在保持所提供服务的前提下，强调使用材料和制造装配的经济性；就科技属性而言，它是转向更清洁、可再生的能源，尽可能减少能源的消耗和对环境设施系统的污染。力求把城市环境设施的生产和消费维持在资源和环境的承受范围之内，以体现一种崭新的生态观、文化观和价值观，以及现代城市空间环境生态美学观念的建构，这也是一种和谐有机的城市美学观念。在城市环境设施设计中导入"绿色设计观"是步入当代的设计师们的必然选择，绿色设计观必然会在走向未来绿色城市空间环境建设进程中发挥出至关重要的作用。

6. 公共艺术理念

公共艺术（Public Art）是一种将艺术创作概念和公共空间环境结合在一起的艺术活动。它是以人们对审美的价值认同为核心，以城市公共空间、公共环境和公共设施为对象，运用综合的表达形式、多样的表现媒介进行创作的行为。公共艺术理念中的公共（Public）一词，是指公有的、公用的；而艺术（art）则是一种文化现象，是一种反映当地社会生活，满足人们精神需求的意识形态。公共艺术既不单指一门学科，也不特指一种艺术表现形式，而是具有开放性、公共性、由社会公众参与互动，并对其给予价值认同的，依托于具有开放性公共空间的艺术创作活动。

公共艺术作为一个独立的名词，出现于20世纪伊始。这并非是说公共艺术在20世纪以前不曾存在，而是将"艺术"和"公共"的观念联结为一项特殊领域的探讨，却是20世纪以后的事。而现代城市公共艺术的缘起，则始于20世纪20年代初的美国在富兰克林·D·罗斯福总统实行的新政的支持下，为了促进本国文化艺术的福利建设及援助艺术家的职业生活而发起的一场艺术运动。另外就是发端于20世纪20年代的墨西哥壁画运动，该运动在政府的大力支持和艺术家与社会的协作下，在城市公共建筑上施以多种形式的壁画艺术去反映本民族历史和广泛的社会文化主题，借此弘扬民族精神和反映强烈的政治观念意识，从而对美国及拉美国家以及全世界的文化艺术产生深远的文化影响（图2-11）。

图 2-11　20 世纪伊始的壁画运动，对美国及拉美国家以及全世界的文化艺术产生深远的文化影响

第二次世界大战以后，随着战后重建，世界经济复苏，使得欧、美、日等国家凭借其强劲的经济实力和科学合理的管理政策，使公共艺术的发展步入规模化，有序化的发展轨道，到20世纪90年代末，经过几十年的积累，取得累累硕果。公共艺术理念于20世纪90年代从国外引入中国，随着市场经济的高速发展，城市广大的市民阶层从对资本的自觉要求，渐渐走向对改造社会环境和对文化艺术权力的自觉追求。公共艺术在中国呈现发展迅猛的势头，从城市空间环境中传统的广场雕塑、建筑壁画到各种形态的景观艺术乃至地标性公共建筑和装置艺术层出不穷，尤其是在北京奥运会与上海世博会后，中国的公共艺术创作更是进入一个全新的发展阶段。

作为城市公共艺术，它的设置场域是开放性的公共空间，其实施的根本目的在于体现一个社会的公共精神及公共利益，其物化形态的类别没有特定的限制，它的实施方式和过程是创作者和享用者共同参与公共艺术观念的取向和协作，它面向非特定的社会群体，直至成为现代城市文化和生活理想的一种集中反映。由此可见，公共艺术已成为现代城市文化建设的重要组成部分，是城市文化最直观、最显著的载体，它既可以连接城市的历史与未来，增加城市的记忆，讲述城市的故事，满足城市人群的行为需求；也可创造新的城市文化，展示城市的友善表情（图2-12）。

图 2-12 城市公共艺术导入环境设施设置规划与造型设计中，使城市空间更添艺术魅力与个性特色

而公共艺术理念在城市环境设施设置规划与造型设计中的导入，是基于21世纪以来，公共艺术观念的关注方向以及切入点已深入到城市空间环境的不同层面，由此产生一批具有探索性的城市环境设施设计成果也需要与民众分享方能发挥其功能。我们期待公共艺术理念能够通过改变所在城市空间形象，突出所在城市风貌特色，体现所在城市文化价值，增强所在城市艺术魅力等方面为城市添彩。以使城市环境设施设计能与城市公共艺术及城市建筑一道，成为人类城市文明建设中"物质创造的精神化"和"精神创造的物质化"的有力见证。

从这个意义上来说，公共艺术理念在城市空间环境中具有一种强大的力量，它不仅可改变城市的面貌，能够长时间地影响着公众的精神状态与对周遭世界的认知；也会成为城市身份的标识，在塑造城市空间环境性格方面做出具有当代艺术特性的理解和判断。

2.2　影响设计的因素

在城市空间环境中，影响设计的因素通过归纳可知主要包括的功能与安全、行为与心理、视觉与空间、环境与精神等内容。

1. 功能与安全

功能与安全是影响城市环境设施最重要的设计因素，从其功能要素来看，是指满足城市空间环境中使用者现实与潜在需求的属性；而从其安全因素来看，是指满足城市空间环境中使用者不会因为使用环境设施导致心理和生理的安全健康受到伤害，其中：

（1）设计中的功能因素　在城市空间环境中，其环境设施设计的功能因素是指存在于其自身直接向人们提供使用、便利、信息、导向与安全防护等服务。由于环境设施基本上都体量精巧、尺度适中，除少数小品建筑外，一般不提供人们进入其内部空间。为此它们除了满足其使用功能上的技术要求外，还需满足城市空间环境中形象塑造等方面的设计需要，其功能因素包括实用、审美、文化与附属四个方面的内容（图2-13）。

图 2-13　城市环境设施设计直接向人们提供使用、便利、信息、导向与安全防护等方面的服务

1）就实用来看　使用是环境设施外在的、直接为人感知的实用作用。比如城市广场周围的护柱，其功能主要是拦阻车辆进入，免于干扰人们在广场上进行的各种活动；又如路灯主要用于夜间街道的照明；公园内的亭、榭、舫及园椅、园凳等小品建筑用于休憩；景墙用于安全防护，分割空间等。

2）就审美来看　审美是指城市环境设施以其形态对环境起到衬托和美化的功能特性。它包括两个层面的意义。一是环境设施单纯的艺术处理；二是与环境特点的呼应和对环境氛围的渲染。比如道路隔离栏架和路灯在批量生产中尽管可以做到材料精致、尺度适中，但是放到城市空间中某一特定场所，它们还需要考虑其特定场所的审美需要。

3）就文化来看　文化主要体现城市环境设施设计的地域性与时代性两个层面，它们是指环境设施设计中由城市自然环境、建筑风格、生活方式、文化心理、审美情趣、民俗传统、宗教信仰等方面对其所产生的影响。环境设施的设计创作的文化功能要素，就是对这些内涵的再提炼、再演绎，从而因城市的文化背景和地域特征上的不同形成具有时代性地域性的设计风格。

4）就附属来看　附属功能是指在城市空间环境中，环境设施除主要功能之外，同时还具有的其他使用功能。如在路灯灯柱上悬挂指路标识牌、信号灯等，候车亭里设置广告牌，休息坐具下安装照明灯具，以及在特定场合还可把隔离花台做成可供行人休息的座凳等，从而使功能单纯的环境设施增加功能复合的作用。

以上四种功能常常呈现出因物因地而异的特点。另从影响环境设施设计的功能要素来说，环境设施设计的重点在于研究城市空间、环境和人群行为三者之间的相互关系与行为场所的塑造。究其目的可分为三个层次：

其一是满足人们在城市空间环境中公共活动的基本需求。

其二是构筑一个更加符合现代人意愿的城市空间生活环境。

其三是创造人与人、人与物、物与物之间的交流媒介，并通过媒介来引导、启迪交流与沟通。环境设施设计的功能可在这样三者综合的基础上进行城市文化氛围的建构，直至推动城市环境设施设计的持续发展。

（2）设计中的安全因素　在城市空间环境中，其环境设施设计的安全因素也是其必须考虑的设计要素，它直接影响到城市空间中大众的安危。而安全是指不受威胁，没有危险、危害、损失，并在人类生产过程中，将系统的运行状态对人类的生命、财产、环境可能产生的损害控制在人类能接受水平以下的状态。

城市环境设施设计的安全因素包括使用、舒适、健康与抗损安全等（图2-14）。

1）就使用来看　环境设施设计首先在人体工学方面，需要满足城市空间环境中人们安全使用的尺度要求，应与各类活动所需的空间范围相适应。人们安全使用环境设施设计的尺度，是以人体身高和动态活动范围（近身空间尺度）作为依据的。人体的身高与公共环境设施及生活用具尺寸的关系是十分重要的，其中包括立姿近身空间、人体水平面作业三维空间尺度、坐姿的空间尺度、活动面高度、人体的构造与活动姿势等尺度关系。其次在造型设计方面，要注重形态与色彩安全标准在环境设施设计中的应用。再者在材质选用和工艺处理上，需按牢固、稳定的要求用材，施工工艺处理定要精细。另需考虑环境设施在使用中的承重性，注意其整体比重，支撑部位定

图 2-14　城市环境设施设计的安全因素包括使用、舒适、健康与抗损安全等

需稳固，细节部位需要光滑，以避免环境设施在使用中出现倒塌、局部断裂及操作和与人接触时引起的不必要伤害。

2）就舒适来看　舒适是指给人带来安乐舒服的感觉，其舒适安全的属性就是要以人为本，即不但要重视对人生理功能的满足，更需重视对人心理需求的满足、关怀与照顾。任何环境设施设计都有"舒适"的要求，例如坐具设计要讲究坐垫与靠背的舒适性，太软会使人产生疲劳，太硬则容易造成对骨骼的伤害。与此同时，从心理角度来看，能够体现民族、时代、地域特征，展示个人品质，美观整洁、结构合理、色彩柔和的环境设施会令人赏心悦目，倍增温馨宁静、舒适惬意之感。此外，在设计舒适安全方面还要预防各类污染给人们引起心情烦躁，精神激动、疲劳、记忆力、注意力、自控能力下降等症状的发生。

3）就健康来看　健康是指一个人在身体、精神和社会等方面都处于良好的状态。环境设施设计中的健康，是在城市空间环境中所设置的环境设施，不能在使用过程中对人体和环境带来损害，这就要求环境设施在用材上要选择合乎环保材质，即用材本身应不含有害物质，不会释放有害气体。不使用落后工艺生产劣质环境设施，防止其在外观喷涂装饰用漆时，有挥发性有机化合物、可溶性重金属化合物、放射性元素含量超标给人们健康带来的安全危害。再就是环境设施不再使用了，也需易于回收和再利用，并不会为城市空间环境增添负担。

4）就抗损来看　在城市空间环境中所设置的环境设施易损毁是各个城市均会遇到的问题，一是环境设施生产质量与制作工艺方面存在的问题，二是城市空间环境中所设置的环境设施被使用者野蛮使用造成人为破坏与管理不到位造成的损毁。想要提高城市空间环境中设置的环境设施的抗损性，延长其使用寿命，其一是要严把环境设施的生产与制作质量关，使更多高水平与质量好的环境设施能设置在城市空间环境中；其二是要提高城市市民的整体文明与管理水平，建立城市环境设施大家爱护的社会风尚，以使环境设施能为城市空间环境建设发挥良好的服务功能。

2. 行为与心理

行为与心理也是影响城市环境设施的设计因素，从其行为因素来看，是指人受思想支配而表现出来的外表活动；从其心理要素来看，则是指生物对客观物质世界的主观反应，人们在活动的时候，通常由各种感官认识外部世界事物，通过头脑的活动思考事物的因果关系，并伴随着喜，怒，哀，乐等情感体验。城市空间中环境设施的设计基于使用者的需要，应从行为与心理要素方面对其进行考虑。

（1）设计中的行为因素　城市环境设施设计中的行为因素，是指人们在城市空间环境中的动作行为，这与人们对环境的态度和价值判断有关。就人对环境的要求来看，包括两个层面的内容：一是适应生存，即环境的舒适、设备的齐全，并使环境设施均能发挥其使用功能。尽管从物质层面而言这是低层次的，但这正是环境设施系统设计的本质体现。二是体验美感，即构成环境设施的种种艺术语言、形式、手法等相互关系所形成的审美意趣。

人在环境中的行为活动可分为主动行为和被动行为，不同的城市空间环境都应满足人们寻求多种体验的内心需求（图2-15），其中包括：

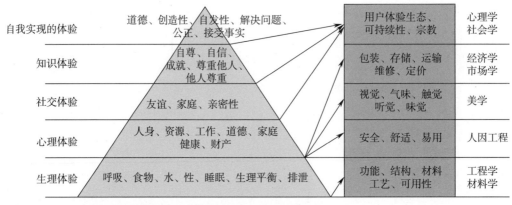

图 2-15　人在环境中的行为活动对城市环境设施设计具有影响

生理体验——即体能锻炼、呼吸新鲜空气等。

心理体验——即缓解工作压力，追求宁静、松弛、赏心悦目的愉快感等。

社交体验——即交流、发展友谊、自我表现等。

知识体验——即学习历史、文化，认识自然现象等。

自我实现的体验——即发现自我价值，产生成就感及归属感等。

人们对城市空间环境的感受，可以不经逻辑推理只凭直觉，或按个性、心理需求而对空间给出回应，以感觉这个空间适合于休息、逗留、亲切、安全和稳定，或者感觉到这个空间与个人的文化、社会地位相称，都能体现自身的价值，得到心理的满足，是一个从局部、个体、整体领域的认知过程。当环境设施与空间中的经济、社会、文化环境等因素相结合时，当人们潜在的各种行为意识（自我表现、思想交流、文化共享）得到一定满足时，环境设施就与人们的心理反应产生共鸣，得到人们的认同与赞美。

（2）设计中的心理因素　城市环境设施设计中的心理因素，是指人们对城市空间环境中的认知与理解。所以，环境心理学与环境设施的设计有着密切的关系。在环境设施设计的造型、色彩、空间、材料、位置、肌理等蕴含着人对城市空间环境的知觉与情感的信息，使人在活动中得到各种心理的满足和精神上的享受，只有这样才能激起人们对新环境的追求。城市环境设施的造型一般比较直观，让人一目了然，不需要更多的理性思考便可直接做出反应，这是环境设施的表面属性。然而它与周边环境的结合所创造的环境气氛、环境情调等，却能唤起人们强烈的心理反应，并在服务于人、方便于人的前提下，成为人们在城市空间环境中活动不可缺少的设计因素（图2-16）。

图 2-16　满足人们在城市静态与动态空间不同心理的环境设施设置布局与设计造型

如城市空间环境中，在交通繁忙的马路中设置的护拦路障太长，虽然保证了车辆行驶，但行人穿越极不方便，以致出现翻越栏杆等现象时有发生，从而留下交通安全的隐患。所有这些均可通过对环境设施设计中人的行为与心理要素进行研讨，才能进行更加合理的城市环境设施的设计。

3. 视觉与空间

视觉与空间作为城市环境设施的设计因素，对其设计具有重要的影响。从其视觉因素来看，它是指通过人眼和人的大脑组织，能够把眼睛所看到的东西组织起来，形成一定的意识形态,以对所看到的事物进行判断和评价;从其空间要素来看,则是指视觉对空间的存在进行感知、认知的过程中承认空间的存在,并且判断出空间的可适应性,以对空间的性质、形态、布局以及空间构成要素、材料、尺度、色彩、质感等形成清晰认识,在城市空间中的环境设施设计应充分考虑对城市环境视觉的识别与空间的认知。

(1)设计中的视觉因素 设计中的视觉因素指形态、色彩、材质等内容(图2-17),它们既是进行城市环境设施设计的重要元素。

图2-17 形态、色彩、材质等视觉因素是进行城市环境设施设计的重要元素

1)就形态来看 形态是指事物在一定条件下的表现形式和组成关系,包括形状和情态两个方面的内容。形态可分为自然形态和人为形态两类,其中自然形态又可分为自然形与偶然形、人为形态又可分为徒手型与机械型,并可以看成是由点、线、面、体所构成。具有大小、轻重、体量、错视等方面的视觉印象。在城市环境设施设计中,利用形态的特征可为其造型服务。

2)就色彩来看 色彩是指光刺激眼睛再传到大脑的视觉中枢而产生的一种感觉,它是大自然赋予人类最为珍贵的资源元素。色彩可分为两个大类,即由黑、白、灰那样没有纯度的色所构成的无彩色系,以及由红、橙、黄、绿、蓝、紫等有纯度的色所构成的有彩色系。色彩的基本性质为明度、色相和纯度。并分为暖色系列与冷色系列,具有物理、生理、心理、文化与流行等方面的作用。在城市环境设施设计中,利用色彩的特征也可丰富其造型,并适应城市空间环境的多种需要。

3)就材质来看 材质简单地说就是物体看起来是什么质地,也可以看成是材料和质感的结合,包括材料的实质与表面肌理等内容。其中材料的实质是指材料由金属或非金属,有机或无机,单一与复合所构成的材料实质构成种类。表面肌理是指材料的色彩、纹理、光滑度、透明度、反射率、折射率、发光度等性质。在城市环境设施设计中,利用材质的特性可营造形式多样的环境设施造型,并能形成富有变化的城市空间环境效果。

(2)设计中的空间因素 我们知道,环境设施总是存在于城市空间场所之中的，这个空间场所是人们进行户外活动的舞台，而环境设施就是这个舞台的道具或布景，舞台的氛围决定了道具的设计与布置。为此，进行城市环境设施设计，必然要对其所依托的城市空间环境进行分析，了解其空间的大小、性质、形态及其他相关构成因素，设计中才能做到有的放矢、切合实际地进行环境设施的设计。就空间环境的特点来看，影响到环境设施设计的因素包括大小、形状、感觉、尺度与秩序等诸多内容（图2-18）。其中：

1）**就空间大小来看**　空间大小包括几何空间尺度大小和视觉空间尺度大小。几何空间尺度大小不受环境因素影响，只受几何尺寸的影响。而视觉空间大小则受环境因素影响，通过比较而产生相对的视觉空间尺度大小（如同样的几何空间，人多则显得小，反之则大，实的界面多空间显小，虚的界面多则显大）。利用人们的这种视觉特性，在城市环境设施设计中，可通过以小比大、以低衬高、划大为小、界面延伸等方法来扩大其空间感知效果。

2）**就空间形状来看**　任何空间都有特定的形状。常用的空间形状有：结构空间、封闭空间、开敞空间、共享空间、流动空间、迷幻空间、子母空间等形式，在城市环境设施设计中，可给人们带来具有变化的空间形式。

3）**就空间感受来看**　空间具有开放、半开放与半封闭、封闭三种感受，其开放程度与空间环境的开口大小有关（包括环境设施的开口位置、大小和方向）。如长期在封闭性很强的室内生活或工作对身心有害，相反，如果长期在开放性很强的室外生活或工作，很少具有私密性，过多受人干扰，也会患"广场恐惧症"。因此，环境设施的空间设计要根据不同的用途，确定其空间环境设计的虚实界面数量、位置、分隔还是透空、照度与色彩等，以营造丰富的空间环境感受。

4）**就空间尺度来看**　空间环境的比例尺度对人及环境设施的影响是显而易见的，不同的空间尺度会导致人们采用不同的活动方式，从而影响到环境设施的数量、设置、形式，甚至小品本身的体量也会发生相应的变化。例如，浦东金茂大厦附近的

图 2-18　空间是客观存在的，其形状、尺度与秩序等因素是进行城市环境设施规划布局与设计造型的基础

道路非常宽阔，而四周建筑物的体量又极其庞大。巨大的尺度产生了强烈的压抑感，同时也让人感到自身的渺小。通常，人们只会从这里匆匆走过，极少停留。因此，这种空间环境中的环境设施需采用相对简单的布置形式。空间环境的尺度对环境设施的影响直接反映在人们的生理及心理等诸多方面，而最终的落脚点在于人的心理感受。环境设施是为人的活动而存在的，因此人的心理感受会直接影响环境设施的设计。

5）就空间秩序来看　秩序关系是指将人们在空间环境内的行为规律和行为特征用序列形式表达出来，这种秩序关系对于环境设施在城市空间的总体布局起着非常重要的作用（如亭廊、休息厅、卫生间）。而环境设施的空间秩序关系要符合人的行为特征和心理需求，并与空间的序列变化相对应。在不同性质的环境空间中，我们应清晰地把握环境设施在其中所扮演的角色，从而对设施的数量、种类、布置等方面予以合理的考虑。

要正确理解空间环境的序列性，不仅需要关注建筑、空间等要素，也需要对各种环境设施进行重新整合，如植物、水体、地面铺装、花坛、廊架、座椅、街灯、时钟、垃圾桶、指示牌、雕塑等。某一空间环境周围总是存在着其他小空间，诸如道路、小巷、庭院等，这些空间是环境的延伸。它们与整体空间环境相辅相成，共同构成一个整体。从空间秩序关系的角度来观察，它们在彼此间存在着引导、发展、高潮、结尾等定性关系。对这些定性关系的认识将有助于环境设施设计的展开。

此外，在现代城市空间环境设计中呈现出多种功能复合及空间多层次的趋势，环境设施为空间中的人们提供了最直接的服务，因此，环境设施的设计必须考虑整体环境中各种要素的相互影响，这样才能创造出合理的、有价值的、人性化的、富有魅力的户外空间秩序关系来。

4. 环境与精神

环境与精神因素是城市环境设施设计的灵魂所在。从其环境要素来看，它是指环境设施设计在满足功能与美观的基础上，能与所处的环境在小品造型外形和空间之间达到统一，并将绿色设计观念导入其中，使环境设施的设计具有持续发展的未来；从其精神要素来看，则是指不同城市与地域的人们在价值观、审美观、哲学理念等文化方面都有各自的取向，并对设计产生深远的影响。而任何成功的环境设施都离不开在精神层面的追求，以展现其所在城市空间环境特有且深刻的文化内涵。

（1）设计中的环境因素　对影响城市空间中环境设施设计的环境因素，主要可从对环境的可适应性与持续发展两个层面来理解（图2-19）。

1）从对环境的可适应性来看　可知城市空间中的环境设施设计是为人而创造的，从广义的角度来理解，它是一种人造环境设施，它的价值必须通过人在其空间环境中的活动才得到实现。人对环境的认知反映在空间场所之中，环境设施设计必须依托一定的空间环境才能存在，为此，环境要素是影响其设计始终的。只有适合所属环

图 2-19　对环境的可适应性与持续发展两个因素，均对城市空间中环境设施设计产生影响，是其规划设置与设计造型中需要把握的环境因素

境空间场所的小品设计才能得到长久的保留，不然就会被更好适合环境和人们需求的环境设施所替代。

2）从对环境的持续发展来看　可知在其环境设施设计中，还需树立持续发展的观念，并在设计实践中自觉地关注自然、生态、节能、环保等相关问题，并能与各类具体环境设施有机结合起来进行考虑。其要点在于设计师应注重绿色设计及可持续发展在环境设施设计中的应用，这不仅涉及到小品设计材质的可再生性、生产与制作过程及使用状态中的环保程度，还与在城市空间整个服务系统中的节能、低碳和高效密切相关。

（2）设计中的精神因素　对影响城市空间中环境设施设计的精神因素，主要涉及城市市民的生活态度和价值观念两个层面来理解（图2-20）。

1）从城市市民的生活态度来看　可知城市环境设施的设计，一方面受城市市民生活态度所左右，这种生活态度包括传统、习俗与思维方式等内容，它们对城市空间中环境设施设计的种类选择、设置方式、造型风格与特色塑造产生显性、无形与隐性的影响。另一方面符合城市时代文化特点的环境设施在设置于空间环境之后，又对城市市民生活产生相应的影响，甚至改变着城市市民的生活形态，直至形成城市市民一个新的生活文化形态。

2）从城市市民的价值观念来看　可知其价值观念主要指城市市民的精神价值，它是以物质价值为基础并超越物质价值的产物，是人类全面发展进步的标志。在城市空间中，环境设施设计的精神价值主要指所包含的科学知识价值、目的性和规律性所体现出的道德价值以及由造型、布局等呈现出来的审美价值。

知识价值是人类对事物认识和经验的总和，也包括技术技能，由理论知识和经验知识两部分构成。知识是人对客观规律的正确反映，当知识作为客体时，知识即具有了社会意义从而也具有了价值。在城市环境设施设计中，知识价值是由环境设施从设计到制造完成进程中本身所包含的科学技术知识所体现的。环境设施往往是科学技术

图 2-20   城市空间中环境设施设计精神因素的体现

a）武汉东湖落雁景区清和桥造型，将楚文化符号用于桥梁设计，展现其城市曾有的故事与文化精神

b）新加坡市的鱼尾狮塑像在国民中占有重要位置，如今已成为新加坡市民生活态度与价值观念的象征

c）意大利威尼斯水城中不少历经沧桑的环境设施，虽失去往日风采，但仍表现出城市风貌与美感

d）我国江南许多城镇留存至今的亭、台、楼、阁等城市环境设施，既展现出江南城镇的文化韵味，又表达出江南城镇的意象特征与审美意趣，以及观赏情趣和审美价值

知识的集合体，也是知识价值最生动、最直接、最客观的代表。

道德是价值的一种尺度，道德价值实际上是一种善的价值，它是指城市市民高尚的道德行为、优秀的品质、高尚的道德理想和人格魅力。如城市空间中垃圾箱的设置，它不仅是储放垃圾的卫生类环境设施，也是用来提高城市市民公共道德意识、社会意识的产物，通过这个垃圾桶，能够检验这个城市市民的精神文明水准与对城市空间环境的关爱程度。此外，一些发达国家的交通设施不需要警示牌，而人们会自觉地遵守交通秩序，交通事故率远低于我国。相反国内的交通安全宣传与警告、罚款不断，但仍不能阻止交通事故率的高升。还有一些设置城市空间中的电话亭等遭到破坏，这些都说明城市空间中的环境设施不仅在提高人类文明上起到重要的作用，同时也直接反映出一个国家、城市与地区的精神文化素养及公民的道德自觉意识。

审美价值是指城市市民对环境设施产生审美感受的具体体现，也是城市市民对环境设施呈现愉悦、欣赏与自豪的心智认同。例如在意大利威尼斯水城中不少历经沧桑的城市环境设施，虽然失去了往日的风采，但它们与城市风貌和谐相处所呈现出一种古朴、平和的传统美感，无不深深感染着来此的每个游人。而中国江南许多城镇宅院与街道留存至今的亭、台、楼、阁与坊、桥、塔、碑等城市环境设施，不仅展现出江南城镇的文化韵味，更能让去过此处的人们领略到江南城镇所表达出的意象特征与审美意趣，进而产生观赏情趣和审美价值。

2.3　设计特征的提取

从城市空间中的环境设施设计来看，其空间不仅是客观存在的，也是需要人的视觉对其存在进行感知、认知的。因为成功的环境设施总是给人以一种明确的空间感受，除了必须具备尽可能完善的使用功能外，还应恰如其分地反映出独有的空间特征，让使用者能从中体悟到较之一般知觉更丰富、更深刻的心理感受和场所的认同。而城市环境设施的设计特征，主要表现在对城市性格、生活体验、造型识别、相宜尺度、环境特征与文化内涵等诸多方面的提取，以下分而述之。

1. 城市性格

所谓城市性格，是指城市在长期社会生活形成的特点。这里的"长期"可以是几十年，上百年，甚至更遥远，它是贯穿一座城市建设与发展进程中逐渐形成的，具有自身约定俗成的东西。城市性格既是一座城市在社会生活中长期形成的特点，也是其城市人文特色的记忆。而不同的城市有着不一样的性格，每个城市的山水形态各异，诸如山城重庆、南粤广州、北国长春、楚天武汉均各有千秋（图2-21）。

城市不仅因地之山水形胜而具特色，而是由各自的社会生活形成了各自的特点。所以每到一个城市，我们会感受到不一样的城市性格，如庄严而稳重的北京，智慧与包容的上海，精致而温柔的杭州，成熟与内敛的南京……然而，在当今中国的城市，却充满了千篇一律的现象。大到城市建筑，小至环境设施，形式上照搬照抄，地方特色逐渐黯淡了，城市性格也逐渐埋没了。

俗话说"性格决定命运"，不同性格的人演绎不同的人生。对一座城市而言，对城市性格的关注，便成了关注城市未来的窗口。基于城市空间中的环境设施来说，假设每座城市空间中的环境设施如出一辙，就像从一条生产线上生产出来的，那么，在这些雷同的环境设施面前，你将无法分辨它们的归属。你是谁？这个城市又是谁？当设计的结果似乎只剩下完美的功能主义时，造物的本意被扭曲了。城市空间中的环境设施应该与它们所在城市的性格和精神相符，如果有心创造城市的特色，就不会出现环境设施"千人一面"的局面。城市性格的多样性从逻辑上决定了城市环境设施应该是各具特色的，城市的性格与其环境设施之间存在着一脉相承的因果关系。而这种"一脉相承"的关系需要从设计的逻辑性、价值取向及形式语言三个方面来实现。

图 2-21　每个城市的山水形态各异，如山城重庆、南粤广州、北国长春、楚天武汉城市性格各异

　　众所周知，巴黎是一座拥有1600多年历史的古城。今天，她仍然是世界文化艺术之都。她既前卫又富历史感，她特色鲜明又兼具包容性。为了保持巴黎的活力，20世纪80年代法国掀起了一场文化振兴运动，其骨子里的性格逻辑影响着城市环境设施设计时的技术逻辑，从构思、方案、设计乃至最终的实施制作，每一阶段工作的展开都直接导致并形成了今天城市的面貌。例如公共汽车站台是经过招标由英国设计师设计，街头书报亭也是享有专利的设计。甚至连街边植物的护栏都是经由艺术家布置的。在著名的香榭丽舍大道上，当代的设计师在保留了19世纪的风格的同时，为它设计了现代但不张扬，简单而又含蓄的城市环境设施。这些新时代的环境设施少了19世纪的精雕细琢，而采取了透明简单的风格。从这些城市细节可以体会到巴黎人对于美与精致的追求已经渗透到了自己的血液中（图2-22）。

图 2-22　巴黎从其城市细节既可体会到巴黎人对于美与精致的追求

　　又如成都是一座历史文化名城，位于四川盆地西部，境内地势平坦、河网纵横、物产丰富、农业发达，属亚热带季风性湿润气候，自古享有"天府之国"的美誉。成都人的文化性格（或者叫做成都的城市精神）可以用"喜为人先，乐容天下，进退自如，浮沉自安"来概括。而"悠闲安逸"更是向世人展示出成都人于衣食住行之间的生活场景，茶馆、餐馆、农家乐、送仙桥与金沙遗址，以及都江堰、武侯祠、杜甫草堂、锦里等名胜古迹均是让世人了解成都人文化性格特征的地方。近年成都数次获"中国最具幸福感城市"之荣誉，更有"成都是一座来了就不想离开的城市"及"成都是一座离开了更想来的城市"等评价对这座城市予以赞美。2016年国务院明确成都要以建设国家中心城市为目标，从而向世人公示了城市面向未来的追求和梦想（图2-23）。

　　可见，城市的发展是显性的，城市的文脉却是隐性的。我们创造城市就是在创造文化，我们设计城市环境设施就是要唤起人们对城市人文特色的记忆，延伸一座城市的精神与性格。如果环境设施的设计仅仅是出于功能性的目的，那么从某种角度来说，使用它们的人是不幸的。世界是多元化的，城市是缤纷多彩的，城市环境设施也因而是丰富生动的，它们应该只属于它们所在的城市空间环境。

图 2-23　历史文化名城成都的文化性格可用"喜为人先，乐容天下，进退自如，浮沉自安"来概括

2. 生活体验

所谓体验，也称之为体会。它是指人们用自己的感觉器官对人或物或事情，在实践中进行了解、认识与感受。直至用生命来验证事实，感悟生命，留下印象。亲身体验到的东西使得我们感到真实，现实，并在大脑记忆中留下深刻印象，使我们可以随时回想起曾经亲身感受过的生命历程，也因此对未来有所预感。体验无处不在，生活中处处都存在着不同的感受，好的、坏的……。这些亲身经历都值得记录下来去思考，以获取设计师应该具有的生活经验，这也是一个成熟设计师必备的基础职业素养。在城市空间环境中，随着时光流逝，我们亲身体验到的生活内容将会越来越丰富。而这种生活体验要从城市情境与市民具体的生活方式出发去体会，环境设施设计

和服务城市新的生存空间，既要让城市市民产生心理上的认同，又要让城市市民能够实实在在地去感受，并为其提供环境设施应有的城市功能与公共服务。这对于一个城市和城市的市民而言，追求宜居、优质的美好生活无疑是其最主要的目标。

联合国人居组织1996年发布的《伊斯坦布尔宣言》强调："我们的城市必须成为人类能够过上有尊严的、健康、安全、幸福和充满希望的美满生活的地方。"因此，城市空间环境的发展应以人为中心，把追求优质的生活作为目标。充满文化关怀的社区，令人如鱼得水的生活状态，才是城市生活的至高境界。城市是一个有机体，而不是一架机器，更不是一个制造交通的工厂。自由和安全、秩序和变革、生活和艺术都找到内在和谐的城市生活才可爱。也正是这样，2010年5月1日至10月21日期间在中国上海市举行的第41届世界博览会，将主题定为"城市——让生活更美好"，以用"和谐城市"的理念来回应对"城市，让生活更美好"的诉求（图2-24）。

图 2-24　2010 年中国世界博览会，用"和谐城市"的理念来回应对"城市，让生活更美好"的诉求

"和谐"的理念蕴藏在中国传统文化之中，"和谐"也见诸西方先贤的理想。建立"和谐城市"，是从根本上立足于人与自然、人与人、精神与物质和谐，在形式上体现为多文化的和谐共存、城市经济的和谐发展、科技时代的和谐生活、社区细胞的和谐运作以及城市和乡村的和谐互动。"和谐城市"的理念将为城市管理和城市规划提出更新的挑战，并将之引入更高的境界。

这是一次探讨新世纪人类城市生活的伟大盛会，城市让生活更美好。这是一个激动人心的口号。但仔细想想，其实需要一个前提，那就是城市为生活于其中的人们提供了高品质、有质量的生活。而美好是一个抽象概念，它来自于生活中种种可感的细节。只有真实细节的美好，才可真正称得上美好。城市空间中的环境设施，是与城市人们的联系最为密切的生活服务设施，无疑也是实现城市生活美好目标的重要途径之一。毫无疑问，进行城市环境设施设计对其所在城市市民的生活予以体验与认识，显然是设计师需要详细了解的，只有对所在城市市民的生活方式、使用行为、环境心理等相关问题有一个深入的认知，才可能设计出好的环境设施，实现所在城市精神和物质生活上的平衡与和谐。

然而城市生活方式是光怪陆离、丰富多彩的。其中，与城市环境设施设计关系密切的是所在城市的户外生活，通常成熟的城市往往比新兴的城市更吸引人，其原因是成熟的城市有着自然形成的户外生活方式。而从城市市民在户外生活活动的规律来看，主要可以分为三种类型：

（1）**必要性户外活动**　必要性户外生活活动包括了那些多少有点不由自主的活动，如上班、上学、购物、等人、候车、出差、递送邮件等。这类活动因为是必要的，所以它们的发生很少受到物质因素的影响，一年四季在各种条件下都可能进行，相对来说与外部环境关系不大，参与者没有选择的余地。

（2）**自发性户外活动**　自发性户外活动是另一类全然不同的活动，只有在人们有参与的意愿，并且在时间、地点都可能的情况下才会发生。这类活动包括散步、呼吸新鲜空气、驻足观望有趣的事情以及坐下来晒太阳等。这些活动只有在外部条件适宜、天气和场所具有吸引力时才会发生。

（3）**社会性户外活动**　社会性户外活动指的是在城市空间中有赖于他人参与的活动，包括儿童游戏、交谈、各类公共活动等内容，由于社会性活动发生的场合不同，其特点也不一样。在城市住宅区的街道、学校附近、工作单位周围等区域，总有一些人有共同的爱好或经历。因此，城市空间中的社会活动是相当综合性的，比如打招呼、交谈、聊天、乃至出于共同爱好的娱乐等。而这种具有社会性户外活动，正是城市空间环境具有吸引力的地方。

可见城市市民在户外的生活与活动包罗万象，它们与城市环境设施设计有着紧密的联系与关系，在城市空间设置环境设施，即需通过对不同空间场所户外生活与活动有所体验后予以设置，方能为城市市民的户外生活与活动提供很好地服务。

与此同时，随着城市经济水平、社会文化、科学技术的发展，今天城市市民的生活观念也在不断变化，反映在城市环境设施设计方面，就出现对其设计个性、低碳、情感、体验等层面的诉求，这也要求在城市空间中的环境设施设计要与时俱进，以从全新的角度更好地适应城市市民生活观念改变带来的种种变化。如今在城市空间中街道环境中设置的wifi亭与数码岛，各种自助服务环境设施均为适应城市空间向着信息社会发展，向城市市民推广新的生活方式而出现的新型环境设施类型（图2-25）。

图2-25　wifi亭与数码岛均为向城市市民推广新生活方式而出现的环境设施类型

3. 造型识别

城市空间中的环境设施存在是为人服务的，应以为城市市民的活动服务来设置，并要求其在城市空间中的环境设施具有很强的形象识别性。就识别来看，它原是大众信息传播学有关的名词。对环境设施而言，即是将环境设施作为一个造型符号，在城市空间环境背景中进行识别和认知。环境设施与一般的大众传播环境无异，其中也有各种因素影响城市市民的形象识别和使用效果。例如环境设施的体量太小会淹没于人流之中，平淡的形态色彩又会在杂乱的环境背景中无法凸显；即使有一定的特色，也还要考虑观察的距离，也就是符号缺乏与城市空间环境背景的差异，环境设施的识别效果就会大打折扣，一些安全性环境设施在情况紧急的时候，就发挥不出应有的作用。可见，环境设施的形象识别，在城市空间中的功能是十分重要的。

城市空间中环境设施的形象识别，一是指环境设施本身容易被识别和发现，这样城市市民才会去使用它，环境设施才能实现其使用价值，做到物尽其用；二是指环境设施操作的易识别性，可以有效防止由于误操作或使用不当而造成的不便，实现环境设施的易用性。

城市环境设施的设计造型，应避免形象雷同，并以智能性的主题来表现，以富有生命力的直观性特征为主旨，使环境设施呈现出多样性特点来。同时，环境设施在视觉上还应与其所处环境相呼应，并能与城市形象设计产生共鸣效应。形成城市环境设施造型识别的特性包括以下几个（图2-26）：

（1）认知性　认知，即是通过心理活动（如形成概念、知觉、判断或想象）获取知识。具体而言，是指城市市民对环境设施的认识过程，包括感觉、知觉、记忆、想象、思维和语言等内容。从城市空间中环境设施的造型识别来看，认知性是其形象识别中最重要的特性之一，尤其是一些信息类环境设施，文字符号的阅读或符号信息的传达理解是其主要的功能。从其信息传播效果的角度看，无论是环境设施的造型还是其文字传达等细节，均需便于受众认知。一些涉及具体操作的环境设施，如支付宝自动收银、扫码、充电、取款、自助图书馆等，就必须为用户提供操作指示、顺序与识别标识等方面的引导，以便于城市市民的识别与操作。又如道路中设置的交通阻隔护栏，即可通过护栏的高度来让行人认知。

（2）个性化　具有个性化的环境设施的设计造型能较好地吸引城市市民的关注，在城市空间中可有意识地通过环境设施设计造型中形态的对比、色彩的悦目、材质的差异、细节的变化等来形成的个性化特点来与周边环境的区别，达到吸引城市市民驻足观赏的目的。同时，具有个性化且便于识别的环境设施还可成为城市空间中环境的"节点"，如青岛市北依市政府办公大楼，南临浮山湾五四广场上的"五月的风"雕塑，即以单纯洗炼的个性化元素排列组合为旋转腾升的"风"之造型，体现出了五四运动反帝反封建的爱国主义基调和张扬腾升的民族力量。而作为配景类环境设施，其个性化的特点，使"五月的风"雕塑成为总占地10ha五四广场的中心与"节

a）

b）

c）

图 2-26　城市环境公共设施的造型识别包括认知性、个性化与主题性等特性

a）城市空间中所设支付宝自动收银、扫码、充电、取款、自助图书馆等，需为用户提供各种自助服务

b）青岛市五四广场上"五月的风"雕塑，即以旋转腾升的造型，体现出五四运动反帝反封建的民族力量

c）深圳红荔路园岭居住区的大型纪实主题性群雕《深圳人的一天》，即以1999年11月29日这一天在深圳街头任意寻访到了十八个各个社会阶层的人们，为深圳创造了一个引人注目的城市故事

点"空间，并成为青岛市最具城市造型识别性的城市标识形象。

（3）主题性　主题，即指作品内容的中心思想，是通过各种特定的、有象征意义的题材来体现的。城市空间中环境设施的形象识别，有众多特定的、具有吸引力与主题性的空间场所。环境设施在城市空间中作为主题性的呈现，即会根据特定空间场所的具体需要来营造。如位于深圳红荔路园岭居住区的大型纪实主题性群雕《深圳人的一天》，就选择1999年11月29日这一天，为深圳创造了一个引人注目的城市故事。这一天，几个寻访小组遵循陌生化和随机性的原则，在深圳街头任意寻访到了十八个各个社会阶层的人们，征得他们的同意，雕塑家将他们翻制成青铜等大人像，并铭示他们真实的姓名、年龄、籍贯、何时来到深圳、现在做什么等内容。围绕这十八个铜像的是四块浮雕墙，上面雕刻有关于这一天深圳城市生活的各种数据：股市行情、农副产品价格、天气预报、晚报版面等。而在城市雕塑的历史上，雕塑家以逼真的手法记录深圳人的生活原貌，以非常通俗、波普的手法表达了大众的生存经验，以通过它与观众产生交流，使之从一般意义上的街头写实雕塑中脱颖而出，并引起市民的关注。这种主题性的环境设施，由于比一般的环境设施具有更多的叙事性、情节性和思想性，并个性突出，表现出特定的功能、审美或文化意义，从而更受城市市民的喜爱与关注。这种在特定空间场所设置的主题性组雕，在突出主题的同时，还与周边空间环境形成了多层面的联系，从而使来此游览的人们能步入其特定空间场所之间与群雕人物交流，实现历史与现实在时空之间的跨越。

由此可见，具有造型识别特征的城市环境设施，给人的印象和感受是深刻的，它们是形成富余特色的城市形象的关键与重要的构成内容，也是一个城市环境设施设计的特征所在。

4. 尺度相宜

尺度相宜主要在于控制与把握城市环境设施的比例尺度，它是环境设施在场所中恰当呈现的比例关系，它由绝对尺度和相对尺度组成。绝对尺度是物体的实际空间尺度，如邮筒的高度、电话台的宽度、按钮的大小等，需按人体工学规定的适合人使用的尺度大小确定。相对尺度是物体尺寸给人的心理感受，体现人的精神向往和空间尺度的协调，如运用夸张、对比统一的设计手法而获得的心理满足。同时要考虑一般人观看环境时的远眺、近观、细察的视觉特征（图2-27）。其中，远眺是全景式整体性的观赏，以200m为极限。200m以内的景观又可分为近、中、远景。近景，即可对个体进行观察，品味其质感、纹饰、节点等设计特色，可局部性观察的景观；中景距视点70~100m，在视点处可看清人的活动与群体设施；远景距视点150~200m，在视点处可总览景观全貌。分析人的视觉特征无疑对环境设施的设计提出了更高的要求，那就是要在不同的距离内都呈现丰富多变的效果，与整体环境协调，使人在观察中不致产生单调的视觉感受。

5. 环境价值

环境价值是城市环境设施设计中需要重点考虑的，大到一个城市轨道交通车站，小到一个城市的休息座具，都需要考虑其在城市空间中的环境效果。如果没有这种考虑及艺术加工，那么它们只是一件放置于城市空间中的构筑物体，仅具有功能作用，不具有环境价值。为此，环境设施需在满足城市建设物质功能需要的同时，还需努力满足城市环境设计中组景、观景、渲染气氛等精神方面的需要，使其具有持久的艺术生命力。如南京雨花台烈士陵园北大门入口，步入园内，首先映入眼帘的是巨型烈士雕塑群像（图2-28）。群像由179块花岗石拼装而成，像高10.2m，宽14.2m，

图 2-27　香港城市远眺及其国际金融中心建筑的近观与细察

这组群像共塑造了9位烈士的光辉形象。雕塑不仅成为陵园入口的视觉中心，起到震撼人心的视觉效果。同时还起到分隔和组织空间的屏景作用，从而使悼念游人入园达到庄严肃穆与柳暗花明的艺术境界。而杭州西湖的"三潭印月"，则以传统的水庭石灯的小品形式"漂浮"于水面，每当夜晚，月明如洗，在湖面上出现了灯月争辉的绮丽景象，成为杭州市极具景观效果的城市环境与形象名片（图2-29）。

环境设施除具有组景、观景作用外，常常把那些功能作用较明显的桌椅、地坪、踏步、桥岸以及灯具和牌匾等予以艺术化、景致化以渲染周围气氛，以增强城市空间环境的感染力。

图 2-28　南京雨花台北大门巨型烈士雕塑群像　　图 2-29　杭州西湖"三潭印月"已成为城市形象名片

6. 文化内涵

作为人类精神追求下的产物，环境设施包含着设计者和使用者的美学观念以及所处城市赋予的文化内涵。伊利尔·沙里宁曾说过："让我看看你的城市，我就能说出这个城市的居民在文化上追求的是什么。"从哪些地方去看呢？不外乎城市的广场，街道，建筑等，而作为人们精致生活体现的环境设施应该更能展现出城市的文明与文化程度，因为它既能延续城市的地方文化特色，塑造城市景观，又能充分展现城市与时代文化的融合，以表现出城市空间环境的文化魅力。

一个城市，应该把追求其文化内涵与优质生活作为目标。充满文化人脉的社区，令人如鱼得水的生活状态，才是城市文化与生活的至高境界。而环境设施设计正是这种城市文化内涵与优质生活的外在显现，应将这种和谐的城市文化与生活空间趣味表现出来才能得到人们的喜爱。如位于浙江嘉兴市环城河边这个特定空间场所的"狮子汇"纪念性群雕，以"开天辟地"为主题，展现了在1921年7月中国共产党一大召开期间，毛泽东、董必武等代表在当时的狮子汇渡口准备渡船去南湖参加会议的情景。这组历史人物群雕以一种静态的形式，再现了发生在浙江嘉兴这一"开天辟地"的重大历史事件，具有独有的文化内涵与纪念意义，直至成为浙江嘉兴市城市造型识别的一个典型形象代表（图2-30）。

由此可见，在城市空间中对环境设施文化内涵的表达，既可从其悠久的城市历史中去挖掘，也可从其现实的城市生活中去寻找。目标就是满足城市市民在精神文化层面的追求与需要，创造具有文化内涵的城市空间环境。

图 2-30　浙江嘉兴市环城河边的"狮子汇"纪念性群雕

第3章 城市环境设施的设计要点

城市环境设施的设计要点，主要包括其设计中应遵循的原则、设计的方法、工作的程序及图解式表达等内容。

3.1 遵循的原则

城市环境设施作为城市空间中的一个重要组成部分，同城市空间环境一样表现出复杂而多元的特征。通过对影响城市环境设施的设计的要素与特征分析，结合未来环境设施设计的发展趋势，归纳来看在城市环境设施的设计原则包括以下几点。

1. 功能性原则

功能性原则是城市环境设施设计的基础，它是以满足城市市民在不同空间场所各种使用需求为目的的。纵览人类生存发展的历程，我国古代思想家墨子有言："食必常饱，然后求美；衣必常暖，然后求丽；居必常安，然后求乐。"这与美国人本主义心理学家马斯洛的需要层次论的看法大体是一致。他认为："人只有在生理需要和安全需要这些低级需要基本满足后，才会产生精神方面的高级需要，因此物质的需要是人的最基本的需要。而城市环境设施设计的功能正是物质需要得以满足的前提。"

城市环境设施设计的功能来自对城市市民各种需求的满足，是环境设施设计的立足点。广义上讲，环境设施的功能性不仅包含它所能提供的基本功能，还包括它在整个城市空间中所提供的审美及精神等方面的功能作用。

而环境设施设计的基本功能，是指为城市空间环境所提供的最主要功能与效用，如防护、信息、休息、观赏等。基本功能是大部分环境设施存在的前提，也是在城市空间中与广大市民进行互动的物质性表现。例如道路中设置的路灯为城市市民提供照明的功能，使夜间的交通出行更加安全便捷；广场中设置的座椅为城市市民提供了小憩的功能。环境设施除了最主要的功能外，还有若干辅助功能，如公园花池护台除了隔离保护外，还可供游人坐靠休息。并且城市空间中的环境设施设计，既要考虑到其功能的实用，也要考虑到其功能的合理（图3-1）。

（1）实用 实用是指城市环境设施设计应具有的目的与功效在城市空间中得到充分的发挥与体现，也就是设计的功能目的清晰、服务对象明确。诸如城市空间中的标识、告示及导向系统的设置就是为城市市民提供信息传递与指引的，公交车站亭廊就是为城市市民提供候车需求的，其设置的目的与服务功能非常清晰明确，实用也是环境设施在城市空间中的存在价值所在。

（2）合理 城市环境设施设计的合理要求来自于多个方面，主要包括适用、经

图 3-1　城市空间中所设导向系统具有实用功能，而公园花池护台除隔离保护外，还可供游人坐靠

济与技术等。从适用层面看，环境设施的设计必须适合于所在城市市民的实际需要，设计中要考虑城市市民的生活方式、活动规律、性格习俗与人群需要等各项因子的影响，从而才能提供适宜、切合实际需要的环境设施设计来；从经济层面看，环境设施设计的经济是指合理地使用建设经费与利用空间等，以发挥环境设施设计应有的服务效能；从技术层面看，环境设施的设计应慎重选择材料、加工工艺或结构造型，使设计能从图纸变成现实，直至最终得以实施。

（3）交互　交互即交流互动，随着移动互联网和人工智能的发展，新型交互方式不断影响着人们的行为方式，人类已经步入信息交互时代。环境设施作为人—环境—行为交流传递的媒介，所存功能性单一、互动体验差、系统不协调等问题，亟待通过更新换代进行系统规划设计来改善，以适应当今信息交互时代发展的趋势。借助互联网带来新的行为方式，使交互式环境设施从点的存在转变成流线互动，进而建立起交互系统，形成多维的立体空间交互系统。直至通过系统化设计与城市环境设施构成独具匠心的交互网络，以将整个城市有机联系在一起，激发环境设施在面向未来城市空间创新中的活力，即是一种具有现实意义的探索。

（4）智能　智能是智力和能力的总称，中国古代思想家一般把智与能看作是两个相对独立的概念。《荀子·正名篇》："所以知之在人者谓之知，知有所合谓之智。所以能之在人者谓之能，能有所合谓之能。"其中，"智"指进行认识活动的某些心理特点，"能"则指进行实际活动的某些心理特点。

人工智能（Artificial Intelligence），英文缩写为AI。它是计算机科学的一个分支。该领域的研究包括机器人、语言识别、图像识别、自然语言处理和专家系统等。人工智能从诞生以来，理论和技术日益成熟，应用领域也不断扩大，可以设想，未来人工智能带来的科技产品，将会是人类智慧的"容器"。人工智能可以对人的意识、思维的信息过程的模拟。人工智能不是人的智能，但能像人那样思考、也可能超过人的智能。伴随着科学技术的进步，城市的发展越来越多地与以人工智能为代表的数字技术结合在一起，不仅是城市交通运行、信用体系、环境治理与市政服务等层面都开始融入人工智能技术，不仅解决城市管理痛点、助力智能城市发展、构筑智能城市空间，也促进城市环境设施智能化设计的实现，令城市生活更加便捷、高效与美好。

2. 人性化原则

人性化原则是城市环境设施设计的根本，它是通过形态、色彩、材质等赋予环境设施的不同属性，以满足城市市民在不同空间场所的行为、心理、情感、舒适、安全、关爱等人性化需求为目的的设计原则，并力图将城市市民人与环境设施的关系营造更为和谐。而人性化设计强调的是把人的因素放在首要位置，强调人、产品、环境之间的共生关系。

（1）行为、心理与情感　在城市环境设施设计中，人的因素是第一因素，人的行为和心理需求是设计首先需要考虑的因素，这就要求环境设施的设计不仅要关注人体工学、生理与舒适程度等行为方面的需要，还应重视城市市民便利使用在心理、情感、尺度等人性方面的需求。这种需求具体表现为对普遍需求和差异需求两方面的同时满足，即要重视普遍需求，也要最大限度地兼顾差异需求，以及关注社会弱势群体的需要，以实现环境设施物质功能的充分满足，建立城市市民与环境设施之间的和谐关系。如在城市空间中设计与放置供市民休息和交流的座椅，若仅考虑座椅的尺寸、背靠的角度已不能满足现代人的需要，还需考虑座椅的布置方式会对市民休息和交流的行为会产生什么样的影响？不同的人在坐同一个座椅时，又会有什么样的心理需求（如不愿意受到干扰、乐于与一部分人进行交往）？座椅供几个市民坐合适？这些问题都需要运用行为心理学的原则来指导环境设施的规划设计（图3-2）。

图 3-2　城市空间中设置在道路、广场供市民休息和交流的座椅，供残障人士轮椅上下台阶的升降设施等，均展现出环境设施设置中的人性化设计原则

（2）舒适、安全与关爱　城市空间中的环境设施的舒适感，主要体现在设计中对人体工学的把握，包括设计尺度是否满足人们舒适操作与使用的需求，设计形式是否与人们操作与使用的习惯一致等。这些都直接关系到城市空间中环境设施设置效能的发挥，并直接影响到城市空间中市民的生活质量。安全是城市空间中环境设施存在的前提条件，没有安全感也就谈不上环境设施功能的发挥。环境设施的安全感体现

的，一方面是环境设施的设计与放置不能对城市市民的使用造成伤害，对儿童、老人、残障人群的安全不构成威胁，尽量做到适合不同人群的需要，达到无障碍设计的要求；一方面是设置在城市空间中的环境设施还需具有抗损毁性，以防止环境设施受到破坏，并需要方便维护管理。而关爱更是环境设施人性化原则在城市空间中的具体表现，环境设施在城市空间中的设置是为全体市民服务的，除了特殊空间场地，多数环境设施在设计时还要考虑到儿童、老人以及残障人士的使用需求，实现设计中的人文关怀。此外，如将在城市空间中设置的休息座椅座面由石面改为木材，不仅使座面给人的感觉更加温馨，也体现了休息座椅设计中对市民的理解和关爱，尊敬、爱护、理解、关心所有的人，并为城市市民创造一个自由、平等、安全、舒适的空间环境，也是人性化原则在环境设施设计中的具体展现（图3-3）。

图3-3　上海世博会期间为参观排队人群在蛇形道上提供的等候座台、对参观排队等候时间的告知，以及为儿童在等候通道中设置的活动空间，是人性化原则与对参观人群关爱在设计中的具体展现

3. 文化性原则

文化性原则是城市环境设施设计在文化价值方面的内在倾向性，是指在设计中经过设计师周密详尽的调查与深入的思考才能感知的深层属性。这个深层属性也是这个城市所具有的与众不同的文化特征，强调其相互之间的差异性和自身的传承性。城市环境设施的文化性，是在符合形式等原则之外，进一步从强调城市环境设施的文化、历史、传统、宗教、民俗等源流角度进行考虑，即注重城市文脉、地域、艺术与可识别等文化性原则的具体展现（图3-4）。

（1）文脉　文脉（context）一词，最早源于语言学范畴。它是一个在特定的空间发展起来的历史范畴，其上延下伸包含着极其广泛的内容。从狭义上解释即"一种文化的脉络"，也就是记忆的延续，就城市文脉来说是指城市深层的文化积淀。在城市环境设施设计中，城市文脉不同，其设计就需将其纳入城市文化特征的大背景中从整体上予以考虑，并尽可能把这种城市文化特征体现在环境设施设计之中。如日本城市中的窨井盖设计，就是具有浓郁的城市文脉传承特征。其窨井盖最大的特点是独具匠心：每一个市、县、区的窨井盖均选取当地的名胜、市花、市树或特产等来构思窨井盖图案，从而突出了城市文化特色，并为城市空间文化氛围的营造增光添彩。

图 3-4　文化性原则主要包括在城市文脉、地域、艺术与识别等方面的具体展现

a）日本每个市、县、区的窨井盖图案均选取当地的名胜、市花、市树或特产等，以突出其城市文化特色

b）江南庭园休息长廊的美人靠，呈现出浓郁的城市地域特色

c）在艺术多元化的今天，随着人们审美品位和设计素养的提高，环境设施中的艺术追求也呈多元化趋势

d）意大利威尼斯圣马可广场上圆柱顶上的圣马可飞狮，即成为威尼斯城市的识别标志，具有定向和归属感

（2）地域　地域通常是指一定的地域空间，它是人类对时空、人类活动因素、自然条件与人文条件的综合认识，也是自然要素与人文因素作用形成的综合体。环境设施是城市空间中的组成部分，且依附于城市空间中的街道、广场、绿地、公园等场所环境而存在，然而各个城市由于地域不同，在城市自然环境、建筑风格、社会风尚、生活方式、文化心理、审美情趣、民俗传统、宗教信仰等方面均存在不同的地域特色，这种地域特色就要求其所在城市空间中的环境设施设计在其造型上能呈现出来，并和城市的文化背景相呼应。如浙江嘉兴南湖江南庭园休息长廊中的美人靠，则呈现出浓郁的城市地域特色。

（3）艺术　艺术是指人类借助特殊的物质材料与工具，运用一定的审美能力和技巧，在精神与物质、心灵与审美对象的相互作用下，进行的充满激情与活力的创造性劳动。从城市空间来看，其环境设施设计的艺术性，与其他艺术形式一样，是通过其造型表现形式和内涵来体现其特有的艺术魅力。环境设施的艺术美是城市市民的审美追求，要实现其艺术美，必须通过对城市环境设施整体和局部的形态进行合理组构，使其具有良好的比例和造型，并充分体现出材料与色彩的美感。在艺术多元化的今天，随着城市市民审美品位和设计素养的提高，许多环境设施的设计都开始追求艺术化的表现形式。环境设施作为城市空间中的公共道具，自然成为当代城市环境艺术最为直接而合理的载体。环境设施设计在功能与艺术之间已形成更为完美的统一，并与城市成为一幅幅生动的生活画卷。

（4）识别　识别（recognition）一词，具有辨认、辨别、区分与分辨的含义。城市空间中的环境设施的存在是为人服务的，这就要求其具有很强的识别性。这里的识别性，一是指环境设施本身容易被识别和发现，这样人们才会去使用它，环境设施才能实现其使用价值，做到物尽其用；二是指环境设施操作的易识别性，这可以有效防止由于操作或使用不当而造成的人为破坏，以延长环境设施的使用寿命。同时，城市空间中的环境设施设计，还可通过城市市民的识别，让其清晰感知到城市的文化特色，直至增强城市市民的定向感和归属感。

4. 系统性原则

系统是指同类事物按一定的秩序和内部联系组合所形成的整体关系。城市空间中的环境设施设计中的系统性，就是指要从系统的观点出发，在设计中始终把握整体与部分之间的相互联系、相互作用、相互制约的关系并予以处理，以实现城市环境设施设计在功能、美学与文化上的整体感、综合性与最优化。在城市空间中，环境设施设计的系统性原则由有序、和谐、通用与模块化所构成（图3-5）。

（1）有序与和谐　有序是指事物或系统组成诸要素之间的相互联系。当事物组成要素具有某种约束性、呈某种规律时，称该事物或系统是有序的。而和谐是指对立事物之间在一定的条件下、具体、动态、相对、辩证的统一，是不同事物之间相同相成、相辅相成、相反相成、互助合作、互利互惠、互促互补、共同发展的关系。在城市环境设施设计中，其有序与和谐的特点展现在三层层面：其一是在单体环境设施设计中，要考虑在城市空间中设置时，当单体环境设施设计之间的特点发生冲突的时候，就要考虑整体协调以达到最优的效果；其二是在当我们把多种环境设施作为一个单元来对待的时候，就要考虑让有序原则发挥着更大的协调效应，在城市空间中设置环境设施，只有所有单体的个性能同时和谐地融入城市空间中，其群体的个性才能更有效地显现出来；其三是当环境设施系统地设置于城市空间这个大的使用环境中时，环境设施与城市空间两者之间的关系扩展到自然、建筑、街区、广场与历史文化等关系，只有遵循和把握其环境设施设计的本质结构和有序关系，在城市空间中，才能创造新的和谐，形成完整、有序的城市空间环境意象。

（2）通用与模块化　通用是指设计要达到的最终目的即是要减少误操作与增加不同人群的识别使用度，尽可能地减少对使用人群的限制。从环境设施设计来看，在城市空间中，就是要兼顾城市市民对环境设施使用的控制度。并通过运用新的信息技术，一方面由于界面内容的易换性，可以设计针对不同使用者的操作界面，减少由

a）

b）

c）

图 3-5　系统性原则在环境设施设计造型中的应用

a）城市空间中的垃圾桶系列设计造型

b）城市道路广场休息座凳组合设计造型

c）城市公交站候车亭模块化设计造型及其在大、中、小型站点的应用

于界面信息认知的缺乏而导致的误操作；另一方面，也可以改变传统的使用方式，让更多的人可以更好地控制设施的使用。而模块化是指解决一个复杂问题时自上向下逐层把系统划分成若干模块的过程，有多种属性，分别反映其内部特性。在城市环境设施设计系统的结构中，模块是可组合、分解和更换的单元。模块化是一种处理复杂系统分解成为更好的可管理模块的方式。它可以通过在不同组件设定不同的功能，把一

个问题分解成多个小的独立、互相作用的组件，来处理复杂的城市环境设施的设置。如城市空间中，同一城市公交线路，由于公交车站的候车亭廊因上下候车市民有多有少，线路交汇在某个站点也不相同，从而造成公交车站的候车亭廊有长有短，以往设计是根据候车亭廊的长短各自为政设置，不仅形象无序列，维护也不便。若采用通用与模块化设计手法，将候车亭廊长短按模数进行单体设计，然后根据同一城市公交线路不同站点的需要进行实地组配，即可成功解决公交车站的候车亭廊设置长短的问题，并可形成城市空间公交线路中候车亭廊设置的有序与和谐特色。

5. 生态性原则

生态（ecology）一词，是指生物在一定的自然环境下生存和发展的状态，也指生物的生理特性和生活习性，以及它们之间和它与环境之间环环相扣的关系。生态性原则对于城市环境设施设计有着显著影响，进行城市环境设施设计，就是要在进行设计之前观察其城市空间的环境特点，分析其生态系统及其他与环境生态平衡相关的因素，使城市环境设施的设计，能为实现人与自然、人与人、人与社会和谐共生、良性循环、全面发展、持续繁荣的城市生态文明建设做出努力。就环境设施设计的生态性原则来看，其设计应遵循的原则主要包括绿色、环保、低碳与节能等内容（图3-6）。

图3-6 绿色、环保、低碳与节能是现代环境设施应遵循的生态性设计原则

（1）绿色环保 提起绿色，可能人们感到并不陌生，可是对绿色设计，人们的理解却各不相同。所谓绿色设计GD（Green Design），是指面向其设计物体整个生命周期的设计。它的目的是着眼于人与自然的生态平衡关系，在设计过程的每一个决策中都充分考虑到环境效益，以尽量减少对环境的破坏。而环保是指人类为解决现实的或潜在的环境问题，协调人类与环境的关系，保障经济社会的持续发展而采取的各种行动的总称。环境设施设置在城市空间之中，必然要遵循绿色环保的设计准则，这个准则一是要求环境设施在设计用材上，应尽量采用绿色环保材料，并尽可能选用可再生材料，以将对城市空间环境的影响降到最低。二是要求环境设施在设计方式上，应尽可能采用可拆卸性设计，以利于维护、拆卸及使用寿命结束后的回收利用。

（2）低碳节能 低碳（Low Carbon）意指较低（更低）的温室气体（二氧化碳

为主）排放。节能则指用原来同样数量的能源消耗量，能生产出比原来数量更多或数量相等而质量更好的产品。在城市空间中，低碳节能的观念体现在环境设施设计上，目前主要为能源使用上。诸如城市道路与广场照明灯具，不仅采用LED为代表的新型光源，并在照明灯具杆上设有太阳能板，以将太阳光白天照射能源收集供夜晚照明使用。而城市公交车站候车亭廊，顶棚也设有太阳能板，将收集到的太阳能用于信息滚动屏及夜晚灯箱广告的能耗需要。此外，还应依据有关环境法规标准，把城市空间中令人不悦的因素，如噪声、炫光、异味、拥挤等降低至最小程度，以实现城市空间的可持续发展。

6. 时代性原则

时代是指一定时期经济、政治、文化等状况的总和，它是一个客观的历史进程。任何物质与精神产物要想始终保持生命力，就必须与时代发展的进程相一致，以反映出时代的特征。环境设施在城市空间中，其城市快速发展的进程，必然要求有其与时代发展进程相适应的环境设施设计成果同步呈现，这就要求在城市环境设施设计中应遵循时代性原则。从环境设施设计时代性原则来看，主要包括创新、时尚、科技成果转化等内容。

（1）创新与时尚　创新是指以新思维、新发明和新描述为特征的一种概念化过程。它是指人们为了发展的需要，运用已知的信息，不断突破常规，发现或产生某种新颖、独特的有社会价值或个人价值的新事物、新思想的活动，其本质是突破。而时尚是指当时的风尚或一时的习尚，也是一种"生活方式"，它影响着每个人以及他们生活的方方面面。

城市空间中的环境设施设计，多以城市空间中的现实问题为主，提出设计解决的方法或引导出新的方法来满足城市空间与场所环境的发展需要。如在意大利米兰举办的名为"花样年华五十岁——第50届意大利米兰国际家具展"上，就有日本设计公司推出的以城市空间夜景装饰照明为主的创新设计，灯光使用反射或间接的光源来照亮空间场所，并形成富有变化的形态造型，以创造一种波浪式的灯光照明效果，为城市市民提供空间的宽阔感以及另一种感受光线的方式。设计创造性地改变了城市空间中已有夜景装饰照明的方式，设计师将装饰照明的艺术与空间使用价值完美地结合，从而引起城市市民在情感产生共鸣，并为人们带来一种时尚的装饰照明设计新形象（图3-7）。

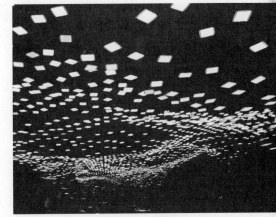

图 3-7　意大利米兰国际家具展上日本设计公司推出以城市空间夜景装饰照明为主的创新设计新形象

（2）科技成果转化　科技成果转化是指为提高生产力水平而对科学研究与技术开发所产生的具有实用价值的科技成果所进行的后续试验、开发、应用、推广直至形成新产品、新工艺、新材料，发展新产业等活动。城市空间中的环境设施设计，伴随着时代的进步、科学的创新，新材料、新工艺、新技术等发展所取得的科技成果，均可转化到环境设施的设计与制作之中。诸如玻璃钢、新型合金等复合材料的出现，就使城市空间中的环境设施在造型设计上出现了新的变化，体现出时代特征，同时，也使其环境设施在城市空间中的形象更加时尚与靓丽。又如对城市空间中支持手机付款的缴费系统进行的硬件化设施配套，也是过去城市生活中所没有的小品设施，目前已在一些城市开始使用。所有这些都给城市市民的生活方式产生相应影响，这就需要我们的设计师对新的生活状态和模式有更敏锐、细致的把握，并以时代的视角通过新的环境设施设计去适应这样的变化。

3.2　设计的方法

在城市环境设施设计中，设计方法的选择是一个重要的问题。只有选择正确的设计方法，才能达到设计创作的预期结果。就方法来看，它是指为获得某种东西或达到某种目的而采取的途径、步骤、手段与行为方式。俗话说："工欲善其事，必先利其器"。方法论是认识世界与改造世界方法的理论系统。它是一切科学与实践的动力，也是一切设计发明和创造的工具与"杠杆"，是从此岸到彼岸的"桥梁"。在具体的设计创作中，设计创作方法本身就具有一个选择的问题（图3-8）。

图3-8　设计方法的选择是一个重要的问题。只有选择正确的设计方法，才能达到设计创作的预期结果

而在城市空间中进行环境设施的设计创作，对设计创作方法的选择与把握，无疑是对设计师设计创作构思和思维能力的综合考量。从环境设施的设计创作方法看，主要包括以下内容。

1. 定向设计法

定向设计法是一种带有目的性的设计构思方法，指人有男女之别、老少之差、健残之分，以及职业、文化程度、生活习惯、生活方式、地区民族的不同，这使得各个具体的人群有特殊的点，设计构思时可以向某一类群定向。从城市空间中环境设施的设计创作来看，它是依据城市环境设施的不同特点以及使用人群的不同需求进行设计创作，同时，它也是一种以解决问题为核心的设计创作方法（图3-9）。

图 3-9　为城市历史文化风貌街区进行的导向告示栏设计与为城市儿童娱乐场地设计的游戏设施，均为定向设计法在环境设施设计中的具体应用

　　在城市环境设施设计中，由于环境设施在其城市空间中受到所处场所环境及城市人文、地理条件和市民的性别年龄、生活习惯等因素的影响，为此，要设计出让城市市民满意的环境设施，就需对这些相关因素进行归纳与分析，并将这些因素纳入设计创作考虑的范畴。由此可见，定向设计具有很强的针对性，也具有很好的使用价值。如为城市历史文化风貌街区进行环境设施设计，就需对其历史文化风貌街区所在城市的发展历程、传统建筑、文化内涵、风貌特色、人文习俗与自然地理，以及城市市民在其场所空间活动的规律、特征、行为等进行深入分析，并提取相关设计要素于街区环境设施的定向设计之中，使这个历史文化风貌街区环境设施的特征能展现出来。

　　定向设计法在城市环境设施设计中的最大优势还体现在一些专项设计上，比如为儿童、老人或残障人群等在城市空间中所做设计，诸如为城市儿童娱乐场地设计的环境设施，就需在其造型、尺度、安全与娱乐性等方面多做考虑；为城市老人活动场地设计的环境设施，就需在其操作便利性等方面多做考虑；对于残障人群在城市空间中所做环境设施设计，除需注意其设计引导的明确性外，还要根据不同残障人群的特点在其设计功能上做特殊考虑，以便于他们使用上的方便，从而展现出整个社会对他们的关爱。

2. 组合设计法

　　组合设计法是指将现有技术、原理、形式、材料等按一定的科学规律和艺术形式有效地组合在一起，使之产生新的功能与作用的设计方法。在城市空间中，将组合设计法应用于环境设施设计，可将其环境设施统一功能的单元，设计成具有不同用途或不同性能且可相互更换选用的模块式组件，以适应并更好地满足城市市民需要的一种设计创作方法。城市环境设施设计中的组合设计法可以分为以下三种类型（图3-10）：

图 3-10 环境设施设计中的组合设计法可以分为同类、异类与附加组合三种类型
a）苏州科技园区休息座椅的同类组合
b）北京西单的路灯、座凳与花坛等异类组合
c）利用城市道路照明路灯灯柱附加悬挂鲜花花篮，可为城市道路竖向空间增加了色彩、生机与活力

（1）同类组合　同类组合是指将若干个同类环境设施组合在一起，在保留各自功能和造型特征的同时，使两个和多个环境设施相互之间能形成空间形态上的组构与变化，并为城市市民在不同场所空间的使用带来更多的便利。在城市空间中，同类组合的环境设施，在形式上有重复、叠加、序列等形式，如城市广场上休息坐凳、种植花坛的组合，城市道路中导向设施、告示招牌的组合等。这种组合形式能够产生群体效应，为城市市民带来更多的便利与空间变化，使城市显得更有秩序。

（2）异类组合　异类组合是指将两个功能不同的物体组合形成一个整体的组合形式。在城市空间中，这种组合形式不仅扩大了环境设施的设计功能，方便了城市市民的使用，同时也提高了城市空间的使用效率。如城市繁华区域人行道上的书报亭与电话亭的组合、休息座椅与活动花池的组合、道路护栏与路牌广告的组合等均属于将两个功能不同的异类物体结合于一体的设计方法。

（3）附加组合　附加组合是指以原有环境设施为基础上，在其主体上添加新的功能或形式。这种"锦上添花"的组合形式，是通过在原来已经被人们所熟悉的环境设施功能上，将一些新的功能、技术、工艺与操作方法用来对其进行改进，以提高原有环境设施的使用功效，使之更具生命力，并能够更好地为城市市民服务。如城市道路中的照明路灯灯柱，本来主要是用于支撑道路照明灯具的，为了装扮城市道路竖向空间，利用路灯灯柱附加悬挂鲜花花篮，从而为城市道路竖向空间增加了色彩、生机与活力。

3. 模仿设计法

模仿设计法是指对已有形态进行提炼、简化或变形而得到的设计方法。包括自然形态模仿和人工形态模仿两种方法（图3-11）。

图 3-11　环境设施设计中的模仿设计法可以分为自然形态与人工形态模仿等类型

a）深圳欢乐谷中模仿山川怪石等无生命自然形态的售货商亭

b）北京奥体中心设置的仿鸟巢地灯就从有生命自然形态上对鸟巢进行仿生设计

c）海南亚龙湾蝴蝶谷大门设计似一只展翅花蝶，就从有生命自然形态与色彩等层面对蝴蝶进行仿生设计

d）辽宁医巫闾山山门造型，将中国宫殿剪影图形用虚空间的手法予以模仿，以带来崭新的视觉冲击力

e）浙江嘉兴南湖边的导向告示牌模仿江南民居的造型，经过符号提取与变换，展现出江南文化意境之美

（1）自然形态模仿　是指模仿自然界的形态、如动物、植物等形态的设计方法，可细分为对无生命和有生命自然形态的模仿。

无生命自然形态模仿——是指对自然界中的行云流水、山川怪石等无生命事物进行模仿的方法。如城市绿地空间的售货商亭与厕所等，为不影响绿地空间景观需要而将其外观模仿成山石造型就属于此类形式。

有生命自然形态模仿——是指对自然界中有生命形态模仿的方法，也称仿生设计法，它是通过模拟的形式，运用艺术与科学相结合的思维与方法，从人性化的角度出发将生物系统的某些原理进行整理、分析、构思和提炼，而设计出于生物系统的某些特征相近的一种模仿设计方法。包括从形态、功能、结构与色彩仿生等层面的模仿，如北京奥体中心设置的仿鸟巢地灯就从形态上对鸟巢进行仿生设计；海南亚龙湾蝴蝶谷大门设计似一只展翅花蝶，就从形态与色彩等层面对蝴蝶进行仿生设计。

城市环境设施设计中通过对自然形态模仿的应用，使小品显得更加生动，富有灵气，从而与城市市民在心理上产生了沟通与互动，也更彰显出环境设施设计特点与个性。

（2）人工形态模仿　人工形态模仿是指模仿前人或他人创造的某种人工形态用于其环境设施的设计方法。如辽宁医巫闾山风景名胜区入口空间山门造型，就借用

"图底反转"的手法，将中国传统建筑中宫殿剪影图形用虚空间的手法予以模仿，应用于山门造型，从而为医巫闾山游人带来崭新的视觉冲击力。又如浙江嘉兴市南湖边的导向告示牌，也模仿江南民居的造型，经过符号提取与变换，设计成具有江南风韵的环境设施，使来此的游人无不品味出江南文化的意境之美。

4. 逆向思维法

逆向思维法是指为实现某一创新或解决某一因常规思路难以解决的问题时，运用反向思维来寻求解决问题的方法。这种摆脱常规思维的羁绊思维方法，常常会取得意想不到的功效。

在城市空间中，环境设施设计运用逆向思维取得成功的案例是日本设计大师原研哉所做梅田医院的导向指示系统。通常医院的指示系统都偏好于选用容易清洁的钢化玻璃、金属等材质，而梅田医院却偏以轻柔、舒适、温暖的白棉布作为导向指示系统的材料，究其原因是原研哉先生想告诉大家：白棉布虽然不便于清洗，但梅田医院都敢于大幅面的使用，就说明整个医院绝对能保证清洁与卫生，大家可来医院放心就诊（图3-12）。

图 3-12　梅田医院导向指示系统，即为在环境设施设计中运用逆向思维取得成功的案例

将缺点变为可利用的东西，化被动为主动，化不利为有利，从而创造出与众不同的设计效应，这也正是逆向思维法成为出其不意设计理念的魅力所在。

5. 移植设计法

移植设计法是指在城市环境设施设计开发中，沿用已有的技术成果、设计用材进行新目的下的移植、创造，是移花接木之术。移植设计法可以说有一种创新的魔力，作为寻求突破传统局限的创意是一条极好的途径。正如英国科学家W.J.贝弗旦奇所指出的：移植法是科学研究中最有效、最简单的方法，也是应用研究中运用得最多的方法。移植设计法类似于模仿设计，但不是简单模仿，其最终目的还在于创新。在具体实施中往往是要将事物中最独特、最新奇、最有价值的部分移植到其他事物中。

在城市环境设施设计，移植设计法主要有原理移植、功能移植、材料移植、技术移植、结构移植与方法移植等类型，从而可以为城市空间中环境设施带来全新的设计视角。如古城西安在城市传统街区环境设施设置中，为了与古城风貌协调，在街区照明灯具设计方面，就将中国古代室内照明灯具的造型移植到户外，包括宫灯、油灯、灯笼等，从而与古城西安传统街区环境融为一体。这种将室内照明灯具移植到户外并与现代照明方式有机结合的街灯造型，通过功能移植，不仅与古城风貌产生内在的联系，丰富了古城西安文化内涵。同时，这种别具一格的照明灯具，也形成了对古城西安历史文化的传承（图3-13）。

图 3-13　古城西安在城市传统街区的照明灯具设计

6. 替代设计法

替代设计法是指在城市环境设施设计中，用某一事物替代另一事物的设计。随着新技术的发展和新材料的不断涌现，一些原有的环境设施难免进入生命周期的衰亡时期，从而被新的环境设施产品所替代。诸如在信息时代的今天，随着移动通信工具的普及，城市人行道上设置的电话亭就有被城市WiFi亭逐步替代的倾向，更具时代特色的城市WiFi亭展现出智能城市的科技发展前景。

在城市环境设施设计，替代设计主要有方式替代、材料替代等方式。如城市道路两旁的路灯设置，由于绿色节能理念的提出，使过去采用传统照明方式的路灯基本上被造型简练、采用太阳能照明方式的路灯，以展现出绿色节能的环境设施设计理念。

又如城市公交站亭曾使用建筑预制贴面瓷砖材料的做法，随着不锈钢、钢化玻璃的使用，公交站亭的造型因材料的使用，即一扫过去笨重的城市空间形象变得轻巧时尚（图3-14）。

图 3-14　新的环境设施呈现新的城市空间风貌

综上所述，定向设计法、组合设计法、模仿设计法、逆向思维法、移植设计法与替代设计法等设计的方法，在城市环境设施设计的应用中，它们各有各的侧重点。在城市环境设施设计中，上述设计方法的选用，要有针对地对城市环境设施设计的目的、功能、材料与工艺等方面进行综合考虑，使城市环境设施设计取得的预期设计创作成果。

3.3　工作的程序

在城市空间中进行环境设施设计，是一项从发现问题到设计实施的整个过程。涉及城市中人、物、空间三个要素，其关系如图3-15所示：其中城市市民与城市空间的关系即衍生为城市的各种场所环境；环境设施与城市市民之间的交流则依赖于环境设施有效的设计造型；城市空间与环境设施的关系即是利用系统地置放场所环境来展现自身的价值与作用。三者之间的关系是相辅相成，缺一不可的。就设计过程来看，城市环境设施的设计始终围绕着其核心问题，即通过合理的工作程序与表达方式来展开，以实现设计的最终目标。而城市环境设施设计的程序是将其设计

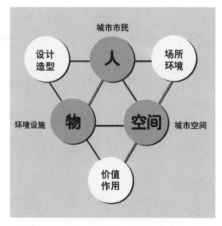

图 3-15　城市空间中进行环境设施设计涉及人、物、空间三个要素

思维的虚拟构想，在城市空间中得以实现的过程，是将设计诸多要素相互衡量、组织的过程，也是针对具体的问题而提出的步骤。在这个过程中，从设计草图到效果表、平面到立体、从方案构思到施工实施，必须经过寻找与发现问题、设计概念的提出、

方案构思与表达、项目评估及实施等步骤。而适宜的设计流程是保证设计质量的前提，也是环境设施得以成功实现的一个重要保证。环境设施的设计流程一般可分为以下几个阶段。

1. 设计立项与调研阶段

在城市环境设施设计立项阶段，首先要明确设计任务，了解并掌握各种有关城市环境设施造型与设置的计划和目标。包括所在城市市民的需求和特性，考虑投入的预算资金、使用特点、设计风格等；对环境设施设置的现场环境进行实地踏勘，了解其场所环境的性质、空间规模、功能特点、等级标准及设计期限。

其次，依据设计委托任务书进行收集资料，制定出"项目设计可行性报告"。其报告包括城市主管或建设机构的要求，包括城市环境设施的方向、潜在的功能需求、精神需求、心理需求，以及建设方要达到的目的、项目的前景及可能达到的环境效应等。这个报告的目的是使设计方对建设方能有更加深入的了解，以便设计过程中能尽量避免不利状况与问题的出现。

再次，制定"项目设计进度表"，见表3-1所示。将设计全过程的内容、时间、操作程序制成图表形式，并理清具体设计阶段的设计内容、时间与目标。制定设计进度表应注意以下几个要点：

一是要明确设计内容，掌握设计目的。

二是要明确该设计过程中所需的每个环节。

三是要弄清每个环节工作的目的及手段。

四是要理解每个环节之间的相互关系及作用。

五是要充分估计每一环节工作所需的实际时间。

六是要认识整个设计过程的要点和难点。

表3-1　城市环境设施设计项目设计进度表

设计阶段	设计内容	时间	目标
设计调研	城市空间背景调研、设置场地调研、市民诉求调查、上位规划衔接要点分析等		了解环境设施设计的相关背景，为设计与布置寻找依据
方案设计	设计概念的提出、功能结构分析、设计构思与表达		确立设计概念，分析应解决的问题，确定总体方案
初步设计	功能节点分析、视觉与空间形态设计、相关技术配套分析、设计草模建立		科学体现设计理念，结合实际情况，合理传达场所精神
施工设计	平、立、剖面图及各工种技术配套图纸、大样、节点详图、材料色彩配置图等		明确环境设施材料及施工工艺，细化设计，使设计得以顺利实现
设计实施	设置场地空间与环境设施协调		设计效果实现
设计评价与管理	后期市民使用意见反馈，制定相关日常维护的注意事项		利于设计品质的提高及日常管理与维修

2. 方案设计阶段

设计方案阶段的具体工作有：进行概念设计与构思理念方案比较，完善方案并进行表现。

这个阶段的具体工作就是依据调查资料、设计文件与计划，对建筑室内环境设计进行从整体到部分再到局部的综合考虑，其中概念设计是整个设计的基础和关键。确立什么样的概念，对整个设计的成败，有着极大的影响。若没有正确的设计概念指导，意图不明，在以后的设计上出现了问题就很难补救。

环境设施的概念设计，实际上就是运用图形思维的方式，对设计项目的环境、功能、材料、风格进行综合分析之后，所做的空间总体艺术形象构思设计。进行环境设施的概念设计，首先要树立正确的设计构思理念，就是要注意建立起环境意识、整体设计与个性化特色为准则的设计构思思路，要树立以"环境意识"为主导的设计构思思路。其次必须牢固地树立起整体设计的思想，即对环境设施的意境有一个统一的构想，也就是对其环境的性格、气氛、情调做出具体的思考，并用图式语言表达出来。最后就是个性化特色，由于任何设计作品都忌讳千篇一律、千人一面，故没有个性和特色的作品就没有新颖的感受，也就更不会产生引人入胜的设计效果。所以环境设施的设计构思，一定要注意个性化特色的发掘，切忌抄袭、模仿与照搬等不良倾向的蔓延。

方案设计阶段的工作，是指在方案比较的基础上，通过对拟定出的几个设计方案进行设计创意、使用功能、艺术效果与经济方面的相互比较，征得建设单位或甲方意见，对方案进行完善，并进行方案正式草图的绘制。最后还需绘制环境设施设计方案的正式图纸，内容包括平面图、剖立面、顶面图、轴侧或透视表现图等，并写出简明扼要的设计说明供建设单位或甲方进行设计方案的正式审定，这个阶段的工作见表3-2所示。

表3-2　城市环境设施方案设计阶段的工作

设计项目	设计内容	要求	目的
方案设计	提出现状问题，分析优秀环境	资源普查与市场调研	广泛征求城市市民意见，进行环境设施设计项目讨论
	设计概念提出	编制规划大纲，进行空间环境分析	提出总体设计方案，明确设计概念
	空间形态结构分析	单体小品设计、与空间环境功能布局关系分析	确立环境设施单体与空间环境相关关系及各自特色
	景观功能结构分析	单体小品造型、色彩、肌理对空间环境的影响	确立环境意象，完成设计初稿，进行项目内部修改、完善

3. 初步设计阶段

初步设计阶段是在环境设施设计方案经过正式审定的基础上，更深入一步的设计工作，其内容主要包括绘制初步设计图纸、撰写初步设计说明、编制初步设计概算三个方面的工作。这个阶段需确定整体环境和各个单体环境设施的具体做法，对各个单体环境设施的尺寸设定、配色、用材予以确定，合理解决各技术工种之间的矛盾，以及编制设计预决算等。并用图纸、图表、模型等手段来表达其设计意图，直至最终确定设计方案，这个阶段的工作见表3-3所示。

表3-3　城市环境设施初步设计阶段的工作

设计项目	设计内容	要求	备注
工程扩初设计	分区节点功能分析	在方案设计的基础上，细化环境设施的功能分析，重点在节点设计；提出现状问题，吸收优秀设计经验，确定具体设计方案	
	视觉与空间形态设计	在明确的设计理念统筹下，提出环境设施与空间环境的视觉关系	
	空间环境分析与设计	确立环境设施单体特色，组织其与空间环境的空间形态（围合、放射、线性、边界、拦阻、分划、掩蔽）	

4. 施工设计阶段

施工设计阶段是在环境设施初步设计审定通过后，进行的工程实施的详细设计工作，其内容主要包括修改初步设计、与各专业协调、完成设计施工图三个方面的工作。这个阶段需在技术的基础上，补充、修改施工所需的有关设计平、立、剖面图，节点详图与细部大样图、以及设备结构图等各专业图纸，编制施工说明文件。此外还要与其他专业充分协调，以综合解决各种技术问题，使施工能够顺利实施，这个阶段的工作见表3-4所示。

表3-4　城市环境设施施工设计阶段的工作

设计项目	设计内容	要求
施工图设计	方案设计图纸	完善、修改设计图纸，逐一标明环境设施的尺寸、材料与做法
	设备、结构图纸	配合方案设计图纸，对相关技术问题予以细化与说明
	施工文件	图表结合，表达明晰、规范与周全

5. 设计实施阶段

在环境设施设计实施阶段，设计人员都要做好施工监理工作，其内容主要包括在施工前应及时向施工单位、工人进行图纸的技术交底，阐明设计意图，解释设计说明。在施工中，仍需定期到施工现场与施工工人进行交流，按照设计图纸进行核对，帮助业主完成环境设施所用材料、设备的订货选样、选型与选厂等工作。同时，完成设计图纸中未交待部分的构造做法与要求，处理好与各专业图纸发生矛盾的问题，并根据工程实际情况对原设计作局部修改或补充，按阶段检查工程的施工质量，直至最后参加工程的竣工验收。

6. 设计评价与管理阶段

设计评价是在设计施工结束后，城市市民对环境设施实际使用、操作后提出的客观信息反馈与综合评价，它是衡量环境设施设计、施工成功与否的标准之一。随着现代城市的发展和设计对象的多元化，对设计、施工也提出了更高的要求，这就要求设计师在完成环境设施设计实施后，必须及时进行总结分析，使设计水平能够再次得到提升。

设计日常管理，是提供给使用单位有关环境设施日常使用和维护的注意事项，也是业主进行管理的参照依据之一。

在整个环境设施设计与设置过程中，设计师必须把握好其设计的基本程序，注意各个阶段的任务分工，充分重视与各专业人员、非专业人员保持沟通，合理调动各个方面因素，以能将环境设施设计的内涵与意象准确地转化为现实，直至为城市空间增添光彩。

3.4 图示的表达

1. 图示表达的意义

所谓图示，即指用图形来表示。在现代设计领域，它是指借助图形对其设计师头脑中的构思火花所作出的与用户要求相符，细致、直观、形象、简易、浓缩的图示语言表现（图3-16）。作为图示表达语言具有以下的几个主要特征：一是图示表达语言是最易识别和记忆的信息载体；二是图示表达语言是超越国度、民族之间语言障碍的世界通用语言；三是图示表达语言是最具有准确性的信息投射形式；四是图示表达语言是大众传播中最具有直观展示事实的表现特征，是最具说明性和说服力

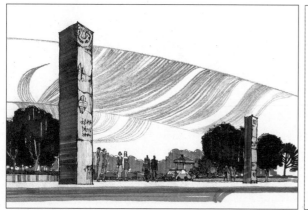 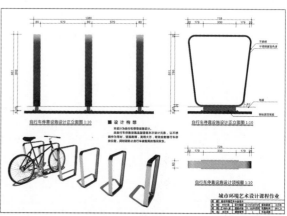

图 3-16　图纸既包括反映环境设施设计构思与创意的概念草图，又包括进行施工的各种设计图纸

的语言表现形式；五是图示表达语言是大众传播中最具情绪感染力和精神渗透力的信息传导形式；六是图示表达语言是可以成为与受众心灵直接沟通的感应语言表达形式。

环境设施设计图示表达语言，主要包括设计的徒手概念草图、预想图、文字、图表、工程制图、效果图、模型、摄影与计算机辅助设计等。但归纳起来看，主要包括环境设施设计效果表达图纸与技术表达图纸两个方面的内容。其中，设计效果表达图纸是指在其设计过程中用以表达设计构思意象及构思，与施工单位及相关方面进行讨论，或向设计单位展示设计结果的一种效果表现图纸，它是环境设施设计图纸中一个重要组成的部分（图3-17~图3-19）。与环境设施设计中的平、立、剖面图有所不同的是，设计效果表达图纸是在平面上表现了一种建立在空间透视基础上的"三维"空间效果，故又被称之为"设计效果透视图"等。进行环境设施设计效果图的绘制，其表现效果首先必须符合设计环境的客观真实性；其次还需按照严谨的态度对待画面的表现效果；再者就是应遵循艺术表现的规律，使其设计的效果表现能够更加引人入胜，并具有较强的艺术表达魅力。而设计技术表达图纸利用正投影原理所绘制出的平、立、剖面图及详图，能够解决与满足环境设施构思设计和施工的需要。为此，各个国家都颁布了适用于不同专业的制图规范，目前我国在环境设施设计制图中以国家颁布的建筑制图规范为依据。

图 3-17　设计效果表现是环境设施设计图纸中一个重要组成的部分

图 3-18 环境设施设计效果表现图 -1

图 3-19 环境设施设计效果表现图 -2

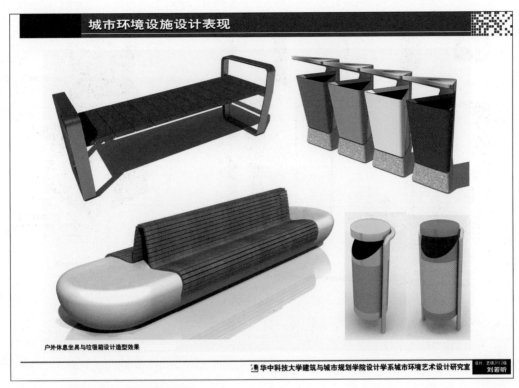

图 3-19　环境设施设计效果表现图 -2（续）

2. 图示表达的形式

城市环境设施设计图示表达的形式，具有强烈的说明性和直观性。主要包括以下几种形式来反映其设计方案的构想与成果。

（1）**设计草图的图示表达**　设计草图是设计师将自己的想法由抽象变为具象的一个十分重要的创造过程。它实现了从抽象思考到图解思考的过渡，是设计师对其环境设施设计的对象进行推敲理解的过程，也是在综合、展开、定案、设计成果形成阶段有效的设计手段。另在设计草图的画面上常出现文字注释、尺寸标定、颜色的推敲、结构展示等，这种理解和推敲的过程就是设计草图的主要功能。而设计草图的绘制的特点为快速、自由、流畅，画面并不追求精准与工整，只要能将设计师的灵感用线条表达出来即可。不少设计草图图面虽然潦草、混乱，但在艺术审美上却具有一定的观赏价值（图3-20）。

在设计构思阶段，环境设施最初的图示表达的形式为设计草图的绘制，需要把设计师的创意以快速和简单的方法表达出来。它是设计思维快速闪动的轨迹记录，是进行环境设施设计方案深入的基础。也可以看作是设计师自我沟通的一种方式，成熟的设计方案往往就是在那些不断调整的线条与画面中诞生，一个优秀的设计师均具有很强的图示表达能力和图解思考能力。

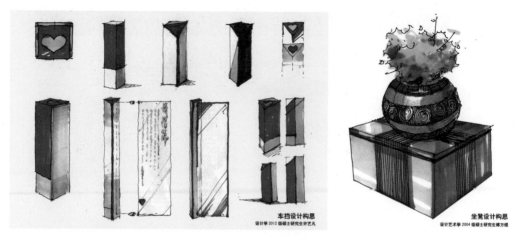

图 3-20　设计草图是设计师将自己的想法由抽象变为具象的一个十分重要的创造过程

（2）直观的效果图示表达　城市环境设施设计非常重视设计的艺术效果，为了把直观的设计效果呈现给业主，通常采用真实性和艺术性高度结合的效果图示表达形式，这种表达形式具有较强的说服力、感染力、冲击力，要达到这样的要求，设计者需要有较高的艺术修养和表现功底。而直观的效果图示表达一般有设计快速工具手绘、计算机辅助表现和模型表达三种形式。

1）设计快速工具效果图示表达　在城市环境设施设计中，设计的快速效果表现对于设计师是异常重要的，它往往是研究、推敲设计方案和表达自己构思的重要语言，也是展示给业主或第三者的主要手段（图3-21）。从设计快速效果图示表达来看，其设计快速工具包括马克笔、彩色铅笔，透明水色、勾线与着色用笔、绘图用纸

图 3-21　环境设施设计效果表现往往是研究、推敲设计方案和表达自己构思的重要语言

及作图辅助工具等。城市环境设施设计快速效果图示表达的特点在于突出一个"快"字，就城市环境设施设计快速效果表现图的绘制来看，它在设计效果图示表达中具备以下性质：

快速性——是其最主要的特点，具有快捷、方便、表达直接的效果。

直观性——具有直接、明确、可视性强的特点。

图解性——具有形象化、视觉化的图示解析的作用。

启迪性——对未来的空间状况具有启蒙、引发、深化的功能。

多样性——各种手法皆为我用，以多样形式来进行设计效果表达与表现。

易改性——可直接进入创意，便于随时修改。

大众性——易于接受、便于与大众沟通。

2）计算机辅助效果图示表达　计算机辅助效果图示表达是指通过运用计算机及其相关软件绘制出相应的二维、三维及四维的图形和图像，它在环境设施设计过程中和传统的图示表达有着相同的作用与功能（图3-22）。

图 3-22　计算机辅助效果图示表达形式的环境设施设计透视效果表现

计算机作为一种图形的图像信息处理工具，具有表现技法中其他表现手法所不可比拟的优势。随着绘图软件的不断更新和运算速度的提高，计算机已经全面地承担起环境设施设计中制图与效果设计表现的任务，并显现出强大的生命力。

计算机辅助效果图示表达的特点就是质感逼真、三维互动、精密准确，可以真实地再现环境设施设计方案的每一个细节。

3）模型效果图示表达　模型效果图示表达是指使用适当的材料将设计预想图所表达的意图转化为三维立体的表现方法，以供进一步探讨设计方案的可行性和其他一系列技术问题（图3-23）。而环境设施设计模型制作的目的就是用立体形式把这些二维图面无法充分表示的内容表现出来。

环境设施设计效果模型制作一般用在进行综合设计阶段的时候。结合环境设施设计效果模型制作的方法很多，一般的草案模型均由设计师自己动手制作，而结构模型则由专门的制作人员来完成。近年来由于计算机辅助设计技术的进步，结构模型和扩初与施工设计图纸一般均由计算机绘图来完成。并且运用计算机软件还可做出动画模型进行演示，以让设计师能够从多个视觉来研究设计方案及其运作过程。但是，外观模型仍是环境设施设计中一个不可缺少的表现手法。

图 3-23   模型制作是更为直观的表现方法，以供进一步探讨环境设施设计方案的可行性和技术问题

　　实物模型是在设计的平面表达基本确立后，通过真实的材料、结构以及加工工艺等将设计方案真实地按比例表现出来，这种方式比前期的平面表达更直观、精确和深入。它可以对方案的尺寸、比例、细节、材质、技术、结构等有一个合理完整的评估。

　　（3）严谨的技术图纸表达   城市环境设施设计除运用以上两种表现方式外，还要采用相当严谨的技术图纸对小品的设计造型予以表达，以为环境设施设计的实现提供依据。随着计算机辅助设计的发展，CAD制图已经大大提高了技术图纸表达的效率。以国家颁布的建筑制图规范为依据，从环境设施设计的整体布局到细部大样，均可表达清楚。其图纸表达内容包括有平、立、剖面图与节点大样等（图3-24，图3-25）。

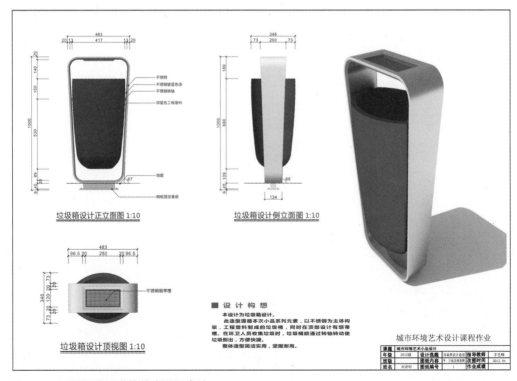

图 3-24   环境设施严谨的技术图纸表达

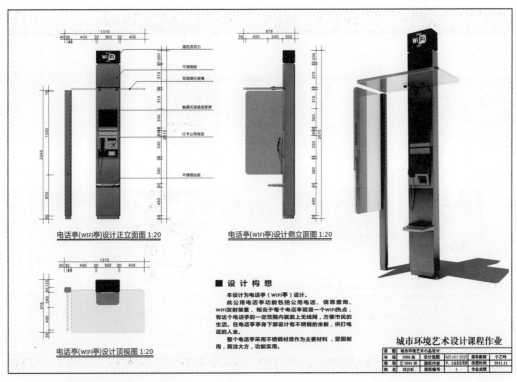

图 3-24 环境设施严谨的技术图纸表达（续）

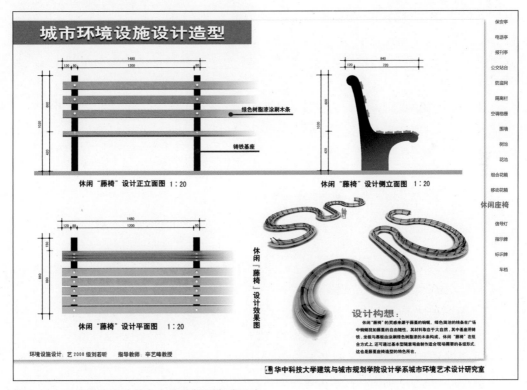

图 3-25 环境设施设计具有个性的版面表现形式

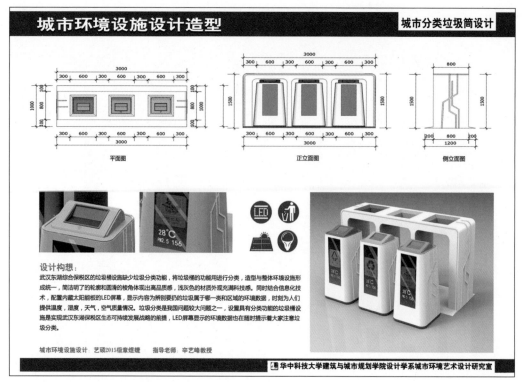

图 3-25 环境设施设计具有个性的版面表现形式（续）

（4）具有个性的设计版面　城市环境设施设计版面的安排，是对整个设计的最终完整呈现，常常反映出设计师艺术素质的高低，故需引起高度的重视。通常应按照整齐划一、对位有序、疏密适当的原则来合理地进行设计版面的安排，使设计图示表达的形式能够展现出个性与特点来。

对一次完整的课程设计而言，通常课程结束时要求学生递交的作业形式也是一份完整的版面，内容包括设计元素阐述、草图方案过程、电脑效果图以及相应的尺寸比例、使用状态等的图文说明。

3. 图示表达的步骤

环境设施设计图示表达，包括严谨的技术图纸与直观的效果图示表达两个方面的内容，它们分别为：

（1）效果图纸图示表达的步骤　环境设施设计效果图纸图示的表达，其步骤主要包括以下几个方面的工作（图3-26）：

1）绘图前的准备工作　整理好效果表现的绘制的环境，备齐各种绘图工具，并放置于合适的位置，以使其效果表现的绘制轻松顺手。

2）熟悉设计平面图纸　对环境设施设计图纸进行认真的思考和分析，充分了解图纸的要求，是画好效果表现图的基本条件。

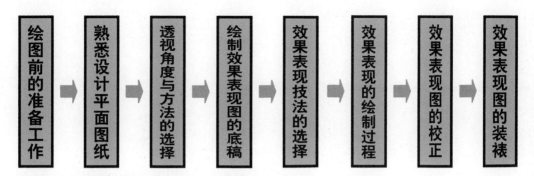

图 3-26　环境设施设计效果图纸图示表达的步骤

　　3）**透视角度与方法的选择**　根据环境设施设计表达内容的不同，选择不同的透视角度和方法：如一点平行透视或二点成角透视。通常应选取最能表现设计者意图的方法和角度。

　　4）**绘制效果表现图的底稿**　用描图纸或透明性好的拷贝纸绘制效果表现图的底稿，准确地画出所有物体的轮廓线。

　　5）**效果表现技法的选择**　根据环境设施设计表达的功能内容，选择最佳的效果表现绘制技法，或按照委托图纸的交稿时间，决定采用快速，还是精细的表现技法。

　　6）**效果表现的绘制过程**　按照先整体后局部的顺序绘制环境设施设计效果图纸，应做到整体用色准确，落笔大胆，以放为主；局部小心细致，行笔稳健，以收为主。

　　7）**效果表现图的校正**　对照环境设施设计效果图纸底稿进行校正，尤其是对水粉画法在作画中被破坏的轮廓线，须在完成前予以校正。

　　8）**效果表现图的装裱**　依据环境设施设计效果图纸的绘画风格与色彩，选定其装裱的形式与手法。

　　（2）**技术图纸图示表达的步骤**　环境设施设计技术图纸图示的表达，其步骤主要包括以下几个方面的工作（图3-27）：

　　1）**设计技术图纸制图的准备工作**　制图环境的选择——设计制图工作应在良好的环境中进行，光线应自左方射向桌面，亮度要适宜，桌面应稍倾斜于制图者的方向，且座位高度应合适。绘图前需阅读相关的资料，并明确所画图样的内容与要求。同时准备好必要的工具，将各种制图工具、仪器与用品擦拭干净，且在作图过程中保持清洁，以方便设计制图（图3-28）。

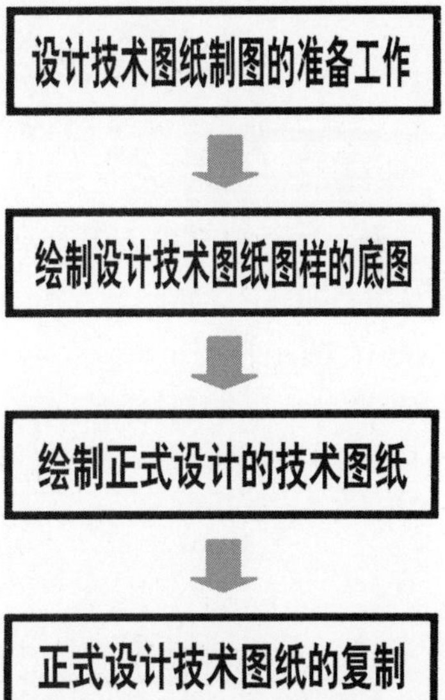

设计技术图纸制图的准备工作

↓

绘制设计技术图纸图样的底图

↓

绘制正式设计的技术图纸

↓

正式设计技术图纸的复制

图 3-27　环境设施设计技术图纸图示表达的步骤

图 3-28　良好的设计制图环境是进行设计工作的基本条件

2）绘制设计技术图纸图样的底图　通常用削尖的2H铅笔轻松绘制底图，且一定要准确无误，才能加深或上墨。底图经校核无误后，方可加深所绘的图线。加深图线的方法可用较软的铅笔或绘图笔与直线笔加黑，其中用铅笔加深图线应做到线型粗细分明，符合国标规定。当图形加深完毕后，再加深尺寸线、尺寸界线等，然后再画尺寸起止符号、填写尺寸数字、书写图名、比例等说明文字与标题栏。

若使用绘图笔与直线笔加深图线，其绘制的方法与顺序与上所述基本相同，只是在具体的绘制过程中，要特别注意因多种原因而出现的漏墨与跑墨现象，以免影响到整个图面的整洁与美观。

3）绘制正式设计的技术图纸　绘制正式设计的技术图纸就是根据加深的铅笔或上墨图（即原图）用墨线描绘在透明的描图纸上，其描图工作的好坏将直接影响到工程图样的图面质量。为此，正确使用描图工具（绘图笔与直线笔）与熟练的描图技能，就显得非常重要了。另在描图纸上书写各类说明文字时，可在描图纸下用已准备好的衬格进行书写。

4）正式设计技术图纸的复制　在实际工作中，同一种设计图纸常常需要很多份数，以供各个方面的实际需要。为此，就必须对设计技术图纸进行复制。其具体方法为将画好图样的描图纸放入晒图机内，在涂有感光剂的晒图纸上，经过强烈曝光与汽熏处理，即可得到复制的图纸数份，这种图纸则常被称为"蓝图"。另外，也可用大型复印机对不同型号的图纸进行复印，同样也可得到数份复印出的图纸，以满足工程中的不同需求。

第4章　城市环境设施的空间布置

4.1　城市空间环境及构成类型

1. 城市空间环境的认知

所谓空间是指"空虚能容受之处"。然而既谓空虚，必能容受，既欲容受，便需设计。只是空间形态不同于平面、肌理、立体等实体形态，有其特殊的形成、操作和组织规律（图4-1）。中国古代伟大的思想家老子有一段话：

三十辐共一毂，当其无，有车之用。埏埴以为器，当其无，有器之用。凿户牖以为室，当其无，有室之用。故有之以为利，无之以为用。

图 4-1　"空间"是建筑的本质，也是建筑的生命

现代建筑大师赖特认为这里的"无"，即为空间。赖特曾说："据我所知正是老子，在耶稣之前五百年，首先声称房屋实在不是四片墙和屋顶，而是在于内部空间……"也就是强调建筑对于人类来说，具有使用价值的不是围成空间的实体的壳，而是空间本身。这段话的含义是深刻的，影响是深远的，他明确地指出"空间"是建筑的本质，是建筑的生命。

空间一词主要用于建筑，其后进行城市设计，空间便移植入城市中，成为城市空间。由此，空间也是城市环境艺术设计的主体，只是作为城市环境艺术设计创作中的空间要素，并不只限于形成空间结构部分的长、宽和高的总和，而是空的部分本身，即人们生活和活动的空间。

有关城市空间环境，德国建筑师克里尔（Robert Krier）在其《城市空间》一书中所描述："包括城市内和其他场所各建筑物之间所有的空间形式。这种空间常依不同的高低层次，几何地联系在一起，它仅仅在几何特征和审美质量方面具有清晰的可辨性，从而导致人们自觉地去领会这个外部空间，即所谓城市空间。"简言之，就是城市中及各建筑物之间的可被人们领会的所有的空间。人在任何时候都在领会城市，城市提供给人们的各个方面感受便是城市空间。

既然城市空间环境是城市提供给人们的各个方面感受，我们即从人们的知觉、心理、行为角度进行分析。

从人的知觉来看，挪威建筑理论家诺伯格·舒尔茨（Norberg Schulz）在《存在空间建筑》一书中说到空间："如果把知觉心理学所带来的这些基本成果用常见词汇来表示，那就是初期组织化的图示是依靠中心（center）亦即场所（place，近接关系），方向（direction）亦即路线（path，连续关系），区域（area）亦即领域（domain，闭合关系）的成立而确立。人为了给自己定位，尤其需要掌握这些。"把空间用知觉心理学的方法分为了中心、方向、区域三部分。

从人的心理来看，美国著名城市设计师奥斯卡·纽曼（Oscar Newman）从领域角度在居住环境中提出了一个由私密性空间、半私密性空间、半公共性空间及公共空间构成的空间体系的设想，即从人的行为心理来分类。

从人的认知意向来看，美国著名城市规划设计理论家凯文·林奇（Kevin Lynch）在《城市意象》一书中，归纳了城市形象的五个要素，即道路（paths）、边缘（edges）、区域（districts）、节点（node）与地标（landmarks）。城市空间环境是享受城市生活、领略城市风情、彰显城市个性、展现城市魅力的空间场所。它既是城市各类活动的"发生器"和"容器"，也是城市市民精神体验和情感交流的主要场所（图4-2）。

图4-2　城市形象的五个要素：道路（paths）、边缘（edges）、区域（districts）、节点（node）与地标（landmarks）

2. 城市空间环境的构成

城市是人类活动的集聚地，城市空间环境是城市活动发生的载体，城市空间的构成包含了其物质环境空间、社会经济空间和精神文化空间。

物质环境空间是城市各要素构成的物质体现，也是城市空间构成的实体对象，比如城市空间形态、建筑外部空间和用地布局等。

社会经济空间是社会群体活动的整体构成。不同社会群体活动的联系与隔离也造成了空间的联系与分离。从国家开始，社会阶层之间的相互关系和经济活动的模式就影响着空间的整体结构，并对以后的发展产生深远的影响。

精神文化空间是城市空间的精神意义和文化内涵的具体反映，古希腊哲学家亚里士多德曾说：“一个好的城市，是一个能够让人面对完整人生的场所。”精神文化空间常常会在物质环境空间中得到体现。

三者之间相辅相成，城市的社会经济活动和精神文化面貌都会映射到城市的物质环境空间中，直至构成城市空间形态的影响机制。而城市空间环境形态是城市存在的空间形式，表现为城市与城市之间，城市与环境之间的相对位置、顺序、分布、态势等。

3. 城市空间环境的类型

基于对城市空间环境的认知及其构成形态的解析，我们认为良好的城市空间环境涉及空间的尺度、围合与开敞，以及与自然的有机联系等。

环境设施作为城市空间环境中不可缺少的构成要素，总是依附于城市空间中具体的环境而存在，而从城市空间环境来看，不同空间场所对环境设施设置需求各不相同，其空间场所的功能与文化氛围营造各异，这就要求设计师对城市空间环境有一个清晰的认识。从现代城市发展来看，城市空间环境的类型主要由城市各类建筑组群与广场、道路与节点、桥梁与隧道、绿地与公园、水体与地貌等要素所组成，它们是城市空间环境的主要内容，也是城市环境设施设置的主要空间场所（图4-3）。

（1）城市建筑组群与广场

1）建筑组群　建筑组群是城市空间环境中最主要的组成类型，在现代城市空间中，可说城市用地基本由不同功能、彼此相邻建筑组群所占据。若按建筑物的布置形式来分，可分为带形布置的沿街建筑组群和组团布置的成组建筑组群；按建筑群所处的位置来分，可分为城市中心建筑群、城市干道建筑群、滨水（包括河滨、湖滨、海滨等）建筑群、山地建筑群、园林建筑群等；按建筑物的使用功能来分，可分为居住建筑群、公共建筑群、生产建筑群与特殊建筑群等（图4-4）。

居住建筑——是指以家庭为主的居住空间，无论是独户住宅，还是集体公寓均归在这个范畴之中。由于家庭是社会结构的一个基本单元，而且家庭生活具有特殊的性

图 4-3　城市空间主要由城市各类建筑组群与广场、道路与节点、桥梁与隧道、绿地与公园、水体与地貌等所组成

质和不同的需求，因而使居住室内环境设计成为一个专门的设计领域，其目的就在于为家庭解决居住方面的问题，以便于塑造理想的家庭生活环境。居住建筑的形式可分为集合式住宅、公寓式住宅、院落式住宅、别墅式住宅与集体宿舍等。

公共建筑——是指为人们日常生活和进行社会活动提供所需的场所，它在城市建设中占据着极为重要的地位。公共建筑包括的类型较多，常见的有办公建筑、宾馆建筑、商业建筑、会展建筑、交通建筑、文化建筑、科教建筑与医疗建筑，以及体育、电信、园林与纪念、宗教建筑等。

图 4-4　建筑组群是城市空间中最主要的组成内容，包括居住建筑、公共建筑、生产建筑与特殊建筑等

生产建筑——是指为从事工农业生产的各类生产建筑，其范畴可分为工业生产建筑和农业生产建筑等类型，其中工业生产建筑可分为主要生产厂房、辅助生产厂房、动力设备厂房、储藏物资厂房及包装运输厂房等形式，农业生产建筑可分为养禽养畜场房、保温保湿种植厂房、饲料加工厂房、农产品加工厂房及农产品仓储库房等形式。

特殊建筑——是指为某些特殊用途而建造的建筑，诸如军事、科学探险、海上水下建筑设施等均属于此类。若遇到这些类型的建筑设计，应当作特殊的设计来处理，以满足其空间上的特殊用途和需要。

2）广场　在城市空间中，广场是指面积很大的场地，也指大型建筑前宽阔的空地。并被称之为"城市的客厅"，在城市空间中具有重要的地位。城市广场既是城市最为显著的形象代表，也是城市空间形态的节点，它突出地表现出城市的特征，对体现城市文化、社会生活、经济建设和环境效益有着极其重要的作用。城市广场不仅给市民的生活带来生机，增强了社会生活的情趣，同时也为人们提供展开生活与活动的场所，使人们在城市空间意识到社会的存在，同时显示自身在城市空间中的存在价值。从城市广场的功能来看，其构成类型主要包括以下内容（图4-5）：

市政广场——位于城市行政中心区域，具有良好的交通便捷性和流通性，通向广场的主干道多具备相应宽度和道路级别，以满足大量密集人群的聚集和疏通。广场上的主体建筑物是室内的集会空间，常成为广场空序列的对景，建筑物多呈对称状布置，整体气氛偏向于稳重和庄严。

交通广场——主要功能是合理组织交通，对车辆进出方向作相应的规划和限制，以保证车辆和行人互不干扰，满足畅通无阻、便捷顺达的要求。组织、安排和设置公共交通停车站、汽车停车场，步行区域可与城市步行系统搭接，停车地带和行人停留的区域之间或以高差或用绿化予以分隔，设置必要的公共设施和铺设硬质场地。交通广场又有干道交叉点的交通广场和站前集散广场之分。

商业广场——位于城市的商业中心区域，以步行环境为主要特色。商业活动相对比较集中。其布局形态、空间特征、环境质量和文脉特色应成为人们对城市最重要的意象之一，充分体悟到城市最具特色和活力的生活模式。

纪念广场——用于缅怀历史事件、历史人物的广场，常以纪念雕塑、纪念碑或纪念性建筑作为标志物，位于广场中心或主要方位。

休闲广场——位于市中心，也可能出现在街头转角或居住小区内。其主要功能是供人们休憩、游玩、演出及举行各种娱乐活动。休闲广场形式布局应力求灵活多样，因地制宜；从空间形态到公共设施设备，要做到既符合人的行为活动规律及人体尺度，又要以轻松、惬意，悠闲和随意的特色吸引公众的使用参与。

图4-5 在城市空间中广场是指面积很大的场地，包括市政、交通、商业、纪念与休闲广场等

（2）道路与节点

1）道路　城市道路是指在城市空间中通达城市的各个区域，供城市内交通运输及行人使用，便于市民生活、工作及各种活动开展，并与市外道路连接的道路系统。作为城市空间中的线性开放空间，包括城市干道与街道，是既承担了交通运输任务又为城市市民提供了生活的公共活动的场所。从物质构成关系来说，道路可以看作是城市的"骨架"和"血管"；从精神构成关系来说，道路又是决定人们关于城市印象的首要因素。

此外，城市道路不仅仅是各个区域连接的通道，在很大程度上还是人们公共生活的舞台，是城市人文精神要素的综合反映，是一个城市历史文化延续变迁的载体和见证，是一种重要的文化资源，构成区域文化表象背后的灵魂要素。城市道路依据道路在城市空间中的地位和交通功能，可分为以下类型：

具有交通意义的道路——包括城市快速路、主干道、次干道与支路等。

具有商业意义的道路——包括城市各种商业性街道、步行店街等。

具有生活意义的道路——包括城市传统与现代住区内外环境各种道路系统。

具有观赏意义的道路——包括城市景观大道、历史街道、公园及景区园路等（图4-6）。

图 4-6　道路可以看作是城市空间中的"骨架"和"血管"，主要起到交通功能

　　道路一般要具备三个方面的功能，即交通功能、环境生态功能和景观形象功能。三者的前后秩序和侧重需依据不同的道路特点而定。一般情况下，首先要满足道路的交通功能，其次，结合道路两侧及周边地带的环境绿化和水土养护发挥环境生态作用，在此基础上，实现景观形象功能，即创造出优美宜人的景观形象。

　　道路比广场更具有切实的功能特征。复杂的道路布局，形成了众多的、丰富的空间关系，是城市各互相沟通的通道，与水系构筑了城市的纹理。道路作为公用的流动或散步的场所，它表现了人的动线和物的活动量等，具有特殊的物理形态。

　　近年来由于汽车的飞速增长，造成了人、车的矛盾，生活街道变得毫无生活气息，失去了应有的魅力。为了构筑生活街道，协调以汽车交通为主的道路和以步行为主的街道关系。

　　道路的空间界面，可以理解成两侧的建筑立面和地面。好的道路设计应具有连续而统一的界面。这种连续性和统一性体现在道路两侧建筑的高度、立面、尺度、比例、色彩、材质等。比如道路两侧空间的高度和宽度的比值的不同，对空间形态和人们的心理都有很大的影响。不同性质的道路，其界面具有不同的特征。如果这种特征沿着路面不断有规律、有节奏地出现，能使道路空间形成以连续统一的构成而令人难忘。巴黎香榭丽舍大街数百年来对道路宽度、两侧建筑的尺度、立面形式等进行不断完善。一个多世纪以来以连续统一的界面、赏心悦目的景观吸引着四方游客。

2）节点　城市节点是指城市中的重要地块或交叉路口，或者河道方向转弯处等非线型空间。在城市的出入口或城市人流聚集的核心往往出现节点空间（图4-7）。

从城市中的重要地块来看，主要包括广场，公园，大型绿化，能使人群活动的

图4-7　数条道路立交桥、城市出入口道路转盘或者道路汇聚形成的广场等均属于重要城市节点空间

集散地就是城市中散布的"节点"。而城市广场是"节点"中的典型，在宏观上与地貌、水体、公园、绿地空间一道构成城市空间体系，这一体系在微观上体现为市民步行道、标志、树木、座椅、植栽、水景、铺地、凉亭、垃圾桶、饮水泉、雕塑等。城市广场作为一个公共性的开放的活动空间，其基本功能必须是提供场所给市民开展各种休闲、运动、娱乐、集会等各种活动。因此，广场应拥有良好的交通可达性和各种可利用的设施，体现出最大的公共性。城市广场通常与道路相连，可分为两类，一类是道路相交，而必然形成的一个把道路放宽放大的区域，这经常成为道路的对景，为行人所关注；一类是在道路旁或者在道路的尽端，由建筑围合而成，相对私密的空间区域。

从城市中的交叉路口来看，主要是指道路与广场交会形成的节点，其交会形式有：

一条街道与广场交会，从每一个方向，以街道的中心地与广场呈垂直状。

两条街道与广场交会，街道偏离广场中心，与广场垂直交会。

三条街道与广场交会，广场的角隅处，与广场垂直交会。

四条街道与广场交会，街道从任何角度、任何场所与广场交会。

（3）桥梁与隧道

1）**桥梁**　桥梁是指为道路跨越天然或人工障碍物而修建的建筑物，而城市桥梁是指城市空间中修建在河道、道路上的立交桥、道路跨越铁路的立交桥及人行天桥。包括永久性桥和半永久性桥（图4-8）。

图 4-8　城市桥梁包括跨水桥梁、道路立交桥及人行天桥等永久性和半永久性桥梁

跨水桥梁——是指架设在江河湖海上，便于车辆与行人等顺利通行的建筑物。跨水桥梁一般由上部结构、下部结构和附属构造物组成，上部结构主要是指桥跨结构和支座系统；下部结构包括桥台、桥墩和基础；附属构造物则是指桥头搭板、锥形护坡、护岸、导流工程等。

城市立交桥——是指在城市重要交通交汇点建立的上下分层、多方向行驶、互不相扰的现代化陆地桥。其跨越形式包括跨线桥与地道桥两种，有单纯式、简易式、互通式立交桥之分。

单纯式立交桥是立交桥中最简单的一种，这种立交桥主要用于高架道路与一般道路的立体交叉，铁路与一般道路的立体交叉，其通行方法极其简单，各自在自己的道路上行驶。

简易式立交桥主要是设置在城内交通要道上。主要形式有十字形立体交叉、Y形立体交叉和T形立体交叉。其通行方法为：干线上的主交通流走上跨道或下穿道，左右转弯的车辆仍在平面交叉改变运动方向。

互通式立交桥主要有三类：

三枝交叉互通式立交桥，包括喇叭形互通式立交桥和定向型互通式立交桥。

四枝交叉互通式立交桥，包括菱形互通式立交桥、不完全的苜蓿叶形互通式立交桥、完全的苜蓿叶形互通式立交桥和定向型互通式立交桥。

多枝交叉的互通式立交桥。

人行天桥，又称人行立交桥。一般建造在车流量大、行人稠密的地段，或者交叉口、广场及铁路上面。人行天桥只允许行人通过，用于避免车流和人流平面相交时的冲突，保障人们安全的穿越，提高车速，减少交通事故。按照结构区分，常见的过街天桥可以分为三类，分别为悬挂式结构、承托式结构和混合式结构。

悬挂式结构的人行天桥以桥栏杆为主要承重部件，供行人通过的桥板本身并不承重，悬挂在作为承重梁的桥栏上，这种结构的过街天桥将结构性部件和实用型部件结合在了一起，可以减少建筑材料的使用，相对降低工程造价，但是这种结构的过街天桥桥栏杆异常粗大结实，因而行人在桥上的视线会被栏杆遮挡，而且粗壮的桥栏杆很难给人以美的感受，因而在城市景观功能方面有所欠缺。

承托式结构的过街天桥将承重的桥梁直接架设在桥墩上，供行人行走的桥铺在桥梁之上，而桥栏杆仅仅起到保护行人的作用，并不承重，这一类的过街天桥造价相对较高，但是由于桥栏杆纤细优美，作为城市景观的功能较好，因而目前各城市中这一类型的过街天桥数量最众。

混合式结构的过街天桥是上述两种结构的杂交体，桥栏杆和桥梁共同作为承重结构分担桥的荷载。

2）隧道 城市隧道是指埋置于城市地层之内的一种建筑物。隧道可分为山岭隧道、水底隧道和地下隧道等（图4-9）。

山岭隧道——是指穿过山岭的隧道。

图4-9 城市隧道可分为山岭隧道、水底隧道和地下隧道等

水底隧道——是指修建在江河、湖泊、海港或海峡底下的隧道。它为铁路、城市道路、公路、地下铁道以及各种市政公用或专用管线提供穿越水域的通道，有的水底道路隧道还设有自行车道和人行通道。

地下隧道——是指埋设于城市地下的一种构筑物，它是以为城市提供地下交通或其他用途为目的，因施于地面之下被称作为地下隧道。

（4）绿地与公园

1）**绿地**　城市绿地是指用以栽植树木花草和布置配套设施，基本上由绿色植物所覆盖，并赋以一定的功能与用途的场地。城市绿化能够提高城市自然生态质量，有利于环境保护；提高城市生活质量，调试环境心理；增加城市地景的美学效果；增加城市经济效益；有利于城市防灾；净化空气污染。其类型包括公共绿地（即各种公园、游憩林荫带）、居住绿地、附属绿地、防护绿地、生产绿地和位于市内或城郊的风景林地（即风景游览区、休养区、疗养区）等（图4-10）。

图 4-10　城市绿地包括公共绿地、居住绿地、附属绿地、防护绿地、生产绿地和位于市内或城郊的风景林地等

公共绿地——是指向公众开放的，有一定游憩功能的绿化用地。特指公园和街头绿地，包括供游览休息的各种公园、动物园、植物园、陵园以及花园、游园和供游览休息用的林荫道绿地、广场绿地等。

居住绿地——是指在城市规划中确定的居住用地范围内的绿地和居住区公园。包括居住区、居住小区以及城市规划中零散居住用地内的绿地。

附属绿地——是指城市建设用地中除绿地之外各类用地中的附属绿化用地。包括工厂、机关、学校、医院、部队等单位的居住用地及城市公共设施用地、工业用地、仓储用地、对外交通用地、道路广场用地、市政设施用地和特殊用地中的绿地。

防护绿地——是指用于城市环境、卫生、安全、防灾等目的的绿带、绿地。包括城市卫生隔离带、道路防护绿地、城市高压走廊绿带、防风林、城市组团隔离带等。

生产绿地——是指为城市绿化提供苗木、花草、种子的苗圃、花圃、草圃等。

风景林地——是指具有一定景观价值，对城市整体风貌和环境起作用，但尚未完善游览、休息、娱乐等设施的林地。

2）公园 城市公园是指满足城市市民的休闲需要，提供休息、游览、锻炼、交往，以及举办各种集体文化活动的场所，其类型包括综合公园、社区公园、专类公园、带状公园和街旁绿地（图4-11）。

图4-11 城市公园包括综合公园、社区公园、专类公园、带状公园和街旁绿地等

综合公园——是指内容丰富，设施完善，适合城市市民开展各类户外活动、规模较大的城市公园，按服务范围和在城市中的地位可分为全市性公园和区域性公园。

社区公园——是指为城市社区居民日常游憩服务，具有一定活动内容和设施的城市公园（不包括居住组团绿地）。包括"住区公园"和"小区游园"两个小类。

专类公园——是指具有专项功能的城市公园。包括动物园、植物园、儿童公园、文化公园、体育公园、交通公园、陵园等。

带状公园——是指沿城市道路、城墙、水系等，有一定游憩设施的狭长绿地。包括有轴线、滨水、路侧、保护、环城带状公园等形式。

街旁绿地——指的是位于城市道路用地之外，相对独立成片的绿地。

（5）水体与地貌

1）水体 水体是指水的集合体，它是地表水圈的重要组成部分，是以相对稳定的陆地为边界的天然水域，包括江、河、湖、海、冰川、积雪、水库、池塘等，也包括地下水和大气中的水汽。若按水体所处的位置，可将其分为地面水水体、地下水水体和海洋水水体三类，它们之间是可以相互转化的（图4-12）。

城市的产生离不开水，水是城市发展的物质基础。生活、生产必须有水，水是城市产生、发展、演化的重要自然力。水影响着城市社会、经济、文化诸多方面的发展。与城市产生、发展密切相关的水体都可称之为城市水体，城市水体的环境由水域、岸线和陆域三部分组成，其中：

图 4-12　城市水体环境包括水域、岸线和陆域三个部分所组成，是城市发展的物质基础

　　水域——城市中面积不等的各类水体均是其水体环境重要的组成部分。

　　岸线——是指因水位变化而高水位淹没、低水位显露的水边地段，包括堤岸和沙滩、滩涂等。

　　陆域——即对城市水体环境中陆地范围的界定，包括城市水体的尺度、用地性质、滨水道路、城市历史文化、居民心理意识等诸多方面因素。

　　水体是城市生态系统中最重要的自然生态因子，城市环境的好坏往往从水体环境中就能体现出来，一个城市只有良好的水体环境才有可能具有良好的城市环境。水体对城市空间中的发展影响巨大，水景往往是滨水城市空间环境体系的骨架和主要内容。城市水体环境设计中常以水体来组织空间，以形成丰富及具有魅力的城市景观效果。

　　2）地貌　地貌即地球表面各种形态的总称，也叫地形。地貌是城市空间中自然环境系统的一个重要组成部分，是人类从事生产和生活的立足之所，深刻地影响着人类的生存和发展。城市地貌包括自然、人工及两者混合形成的地貌形态（图4-13）。

图 4-13　地貌即地球表面各种形态的总称，也叫地形。包括自然、人工及两者混合形成的地貌形态

自然地貌——是城市地貌的基础，或称之为城市下垫面的基盘，它是在千百年的自然演进中形成的，具有原生态的风貌特点。

人工地貌——是城市中各种建筑群、道路、桥梁、人工堆积、人工平整的场地与人工开挖的沟渠及地下工程（含地下铁道、河底隧道与地下室、地下仓库与商场）等的建设所形成，是建立在自然地貌之上或其间的，具有人工营造的痕迹。

混合地貌——是城市中自然和人工混合的地貌，城市作为自然地貌和人工地貌叠加的集中区域，是建立在以地貌为基础的城市自然下垫面的基础上，地貌类型与特点都直接或间接地对城市发展发挥着不可忽视的影响作用。

纵览城市发展的历程，可知城市建设所处地貌各异，却总是选择地貌条件优越、交通方便、农副产品丰富的地方进行建设，归纳来看，其城市分布的地貌部位主要有河流交汇处、平原或盆地底部、两大地貌单元交界处、河谷阶地、滨海或岛屿等位置，从而形成地貌丰富、空间多样的城市环境特色。

环境设施作为城市空间中不可缺少的构成要素，正是依附于这样多姿的城市空间环境构成类型，并且通过与城市空间环境的相互穿插、延伸、交错、变换，为人们在城市空间环境中提供了更加便利、舒适的功能与精神的满足，直至成为城市空间环境设计中重要的组成内容。

4.2 场所属性及环境设施设置要求

1. 场所释义及空间属性

场所是指地理空间里人或物所占有的部分（空间），国外研究学派对场所概念的区分并不明显，甚至认为场所就是地点，只是地点更倾向于是静态的空间概念，而场所更倾向于是有行为意义的动态空间概念。场所是现象学原理在空间研究方面的应用，是一种人本主义价值取向。戈登·库仑（Gordon Cullen）在《城镇景观》一书中提出了场所的概念，他认为：一种特殊的视觉表现能够让人体会到场所感，并激发人们进入空间内。简单讲，场所是指人们从事物质活动或精神活动的环境场合。美国地理学家普莱德（A. Pred）认为：场所是空间结构历程的一部分，由空间社会实践所构成，同时场所也是这些社会实践的重要组成部分。挪威建筑理论家诺伯格·舒尔茨认为：场所是存在空间的基本要素之一。场所概念和作为各种场所体系空间的概念，是找到存在立足点的必要条件，场所必须有明显的界限或边界线。场所对于包围它的外部而言，是作为内部来体验的。场所、路线、领域，是定位的基本图式，亦即存在空间的构成要素。这些要素组合起来，空间才开始真正成为可测出人的存在的次元。场所是一个可大可小的概念，如果将其作为一个大概念，那么城市公园、广场、社区中心、商业店街、车站、河畔都是场所（图4-14）。

图 4-14　场所概念可大可小，如城市公园、广场、社区中心、商业店街、车站、河畔都可视为场所空间

　　城市空间环境的场所特征由两方面内容决定，其一是形状、尺寸、色彩、质感等显性的具体形式，其二是内含的人类长期使用的痕迹以及相关历史文化事件等隐性内容。场所理论和现象学强调在真实的世界中找回失去的场所，找回失去的归属和认同感。而场所的空间属性，主要包括以下内容：

　　（1）**多维属性**　场所空间有绝对和相对的两重性空间的大小、边界及形状由被围护物和其自身应具有的功能形式所决定，生活中的场所如果离开了围护物就不可被感知到，就走向了抽象空间的概念。因此，场所是一个经验空间的概念。美国地理学家大卫·哈维（David Harvey）认为场所构成的空间观可以分为绝对空间、相对空间与关系空间。首先绝对空间观认为空间是绝对的实体。空间像是个容器，而非事物，而且可以与占有其间的事物分离而独立存在。空间本身是一个独特的、实质的，而且显然是真实或经验性的实体。

　　（2）**时间属性**　时间意味着空间事件的历史演替，抛开时间研究空间将是空洞的、没有任何价值和意义的。时间是空间的关键组成部分。它和空间是自成一体的。空间是各种可见实体要素限定下所形成的一个能够被感觉到、被视觉捕捉的一个"场"的概念。源自人类生命的知觉感受，而这种感受与时间紧密联系在了一起，空间才能被感知。

　　（3）**流动属性**　流动空间意味着一种新的社会与空间的组织逻辑，经济社会结构的变迁或人类组织方式变化，或者信息技术的革新等都会影响空间的动态性。现代信息技术的突飞猛进，使信息处理活动日益成为空间信息经济的核心与生产力的来源，信息发展方式使城市空间结构与物质形态都产生重要的变化，这种转变的结果就是一个新空间组织模式（空间逻辑）。因此，场所不仅仅是生活中的行为空间概念，它还是信息经济的组织空间，日益成为流动的空间，是城市空间动态意义延伸的一种重要形式。

2. 场所空间与环境设施尺度

在城市空间中，环境设施总是存在于一定的场所之中，其环境设施的功能、位置、大小和造型设计与设置布局也离不开城市环境场所的限定与影响，因此，场所空间即成为环境设施存在的微观物质条件（图4-15）。

图 4-15 在城市空间中，环境设施总是存在于一定的场所之中，且成为环境设施存在的微观物质条件

场所空间是市民进行城市户外活动的场地，场所空间的大小、范围不仅决定了市民在其空间内从事活动的种类，也决定了环境设施设置的形式。如场所的空间尺度、围合关系等就决定了环境设施大小、数量、种类、朝向等。因此，对场所空间的把握，可使环境设施在其空间中的设计布局合理有序，与城市环境的空间关系更加和谐。

对环境设施在场所空间中尺度的把握，我们在城市空间中可见面积开阔的城市广场、车站广场等场地，活动人群密度高、内容广泛，环境设施功能也较复杂；在城市社区休闲场所、公交站台等场合，活动人群密度低、内容简单，环境设施功能也较单一。显然，场所空间与环境设施的尺度对城市市民进行户外活动影响较大。而城市场所空间是为市民进行户外活动存在的，它直接对场所内环境设施设置的数量和方式产生影响。以城市街区空间场所为例，日本当代著名建筑师芦原义信在《街道的美学》一书中，探讨了街区空间场所中围合空间的实体高度（H）和宽度（D）之间的围合关系，即：

当D/H比小于1时，有很强的封闭性，人会有压抑、局促感。

当D/H比等于1时，比较舒适而有亲切感。

当D/H比大于1时就会让人感觉开阔，但亲切感也随之消失，封闭性也就随之不存在（图4-16）。

这种关系同样适用于城市空间中其他场所在环境设施设置尺度上的考虑，当场所空间围合的实体高度（H）和宽度（D）比小于1时，环境设施设置尺度在满足基本功能要求上，应在创造丰富活动的基础上对场所空间进行精心组织，并适当缩小环境设施比例，以达到与空间尺度整体相融合的效果。如在意大利威尼斯水城，城区街巷空间尺度狭窄，环境设施设置即充分考虑其空间的尺度，以达到与街区空间整体相融合的效果。反之，当场所空间围合的实体高度（*H*）和宽度（*D*）比大于1时，城市场所空间显得开敞和空旷，市民往往成为过客，不愿停留活动，为此需适当放大环境设施比例。若是交通广场，其标识类环境设施图示符号与文字大小均需做视觉形式上的简化，以适应快速移动的需要。如在北京天安门广场前长安街路段，其道路宽阔，环境设施设置即需在比例上适当放大。

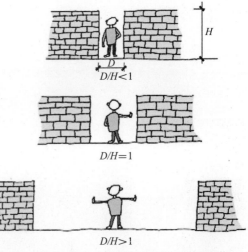

图 4-16　场所中围合空间实体高度（*H*）和宽度（*D*）之间的围合关系

3. 场所中环境设施设置要求

在城市不同场所空间中设置环境设施，除在场所空间与环境设施尺度关系上要协调外，尚需遵循以下设置要求：

（1）场所中环境设施空间序列　空间序列是指城市不同场所环境中先后活动的顺序关系及多个空间的组合方式，也是一种依据人的行为规律（行为模式）组织场所环境的空间艺术处理手法。城市不同场所中市民进行的很多活动都是在一定的时间和空间中有序展开的，因为活动的内容有先有后，有主有次。

从城市不同场所环境中的空间序列来看，一般存在着起始、发展、高潮、结尾等相应变化阶段。各个阶段中市民人群的数量、活动的内容会有一定的区别，其对应设置的环境设施在数量、大小、种类上也存在一定的差别。以北京王府井步行商业街空间为例，其场所空间可将整个街道划分为如下的空间序列，其中：起始段——步行商业街南入口；发展段——南入口至百货大楼主广场；高潮段——王府井百货大楼主广场；终结段——金鱼胡同口等（图4-17）。

这是对王府井步行商业街逛街与购物人流心理与行为分析，以富有变化的空间形态（点、线、面空间）与商品经营特色来满足人们的需求，并在内容的组织上结合其商业街的场所空间特点所做的空间序列安排。其环境设施也应依据这样的空间序列来设置，如商业街南端的主入口，即在明辉大厦（整治后改名为王府井女子商店）的南墙上悬挂设计独特的"王府井"传统牌匾，以起到入口地标及提示作用。入口处还设有移动花坛、车挡、隔离栏、路灯、自行车停放棚等环境设施；发展段为南入口至百货大楼主广场，其间设有花坛、路灯、休息座椅、隔离栏，并在好友世界商场小广场以自由活泼手法布置琴键式旱喷花坛，成为发展段的小高潮；高潮段为王府井百货

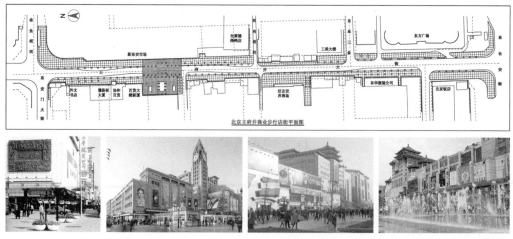

图 4-17　王府井步行商业街环境空间序列平面图及起始段、发展段、高潮段与终结段环境空间实景

大楼主广场，其间设有广场旱喷、阵列灯具、主雕、花车、商亭及老北京生活情景雕塑，从而为烘托王府井步行商业街高潮段的场所空间氛围起到促进作用；终结段为金鱼胡同口，这里结合新东安市场的轴线，以地面铺装的方式设置地标，井盖式标识铜雕暗示商业街的端头位置（开始或结束）。整个王府井步行商业街场所中环境设施设置富有空间变化，表现出人们逛街与购物时的心理发展与行为需求，从而产生高潮迭起的空间艺术魅力（图4-18）。

图 4-18　北京王府井步行商业街空间中所设各类环境设施造型实景

（2）场所中环境设施的设置类型　城市环境设施种类繁多，对城市不同场所环境中公共设施的设置，需要根据场所空间的功能要求在设置类型上做综合考虑。如在城市商业区，其主要功能是商业服务、广告宣传，故商业区及其周围场所空间的环境设施即要反映城市的商业特色以及与商业活动有关的多种因素。环境设施设置的类型应与其功能属性一致，围绕购物不仅设有传播各种商业信息和帮助人们寻找各种商店位置的信息类环境设施与导向设施，还需设有方便人们短暂休息，相互交流的空间、通信、弃物、照明、领域、路牌指示等环境设施，以及反映街区商业历史与文化、城市品牌特色的精神文化类环境设施。

另在城市休闲区，如城市空间中的街旁花园、休息绿地，其主要功能是供城市市民休息、娱乐、聚集和交流，具有城市一定的社会、文化内涵和审美价值，能够展现城市的时尚特点和市民的生活面貌。人们往往会在这类城市休闲区内逗留时间较长，对环境设施的使用时间长，要求舒适、耐久性长。因此，这类环境设施既要美观又要有良好的体验性，以让城市市民感到轻松愉悦。休闲区内环境设施的设置，在其设置种类、距离、朝向应便于人们休闲与交流，并保持适度的私密距离。同时，还要考虑相关的卫生类环境设施和绿化植物、水体、花坛、景观雕塑等观赏类配景环境设施设置（图4-19）。

图 4-19　不同场所空间所设环境设施的类型各不相同

总之，城市不同场所环境中公共设施的设置类型的选择，其不同的场所属性与功能需要直接相关，而环境设施的设置与其场所空间的特定属性是相辅相成的，直至形成城市空间中环境设施设置的多样化。

（3）环境设施设置中的情感体现　人类审美活动必然会在精神层面涉及人类的情感世界，引起人们的情绪、情感运动和体验。对城市不同场所环境设施设置中的情感体现，需要根据场所空间的功能在环境设施的使用过程中，通过行为的归属感唤起城市市民的情感记忆，从而让市民对环境设施产生美感，进而与场所空间建立更为密切的联系。如厦门鼓浪屿菽庄花园滨海伸向大海的断石，浪冲水激，这种"身残"的形表现出一副"志坚"的态，与人们此时此刻的心境相符，从而被刻上"心印"两字。"印"者"相符合"也，心情与物态相符，所谓"心意之动而形状于外"。这即是配景类环境设施与其场所空间之间形成了联系，并使两者相互依存不可分离，传达出环境设施设置中与游人到此场所产生出特有的情感因素来（图4-20）。

又如苏杭一带自古是中国的鱼米之乡，富饶的土地、便利的交通使这里成为中国文化的聚宝盆，无数文人骚客在此留下美不胜收的诗书文章以及才子佳人的美谈。嘉兴南湖区的城市环境设施，在设计上即取具有地域特色的传统建筑符号，并与南湖公园指示标牌有机结合，创造出尺度宜人、简洁古朴的江南水乡情愫与文化意蕴，给人一种玲珑精巧的美感，不同场所与不同情景下的情感需求是各不相同的，有私密需要被保护，同时也会有窥探的心理。在意大利米兰大教堂前广场上的新媒体艺术展，即由数个半圆形织物球体灵活组织成的临时性设施来展示。在设施内部为使观众集中精力于更小的细节展演，观赏者需排队通过隔离幕帘的漏洞来欣赏展出的媒体艺术展演效果，这种非同一般的情感体验，不仅能够增加展览的趣味感，也是现代环境设施设置中在形式上的一种探索（图4-21）。

图 4-20　厦门鼓浪屿伸向大海的断石　　　图 4-21　意大利米兰大教堂前广场上的新媒体艺术展

（4）环境设施设置中的场景故事　在城市空间中，要想营造出有个性与特色的场所空间，从而唤起城市市民的共鸣，就需要借助一种新的设计方式，这种方式就是通过环境设施的设置，构建出场景故事。而场景故事就是将其与特定的故事情景营造联系在一起，以让城市市民在场所空间使用环境设施时既获得实际功能服务，又体验到特定的故事场景，自然沉浸其中并引起联想，直至获得情感的满足和深刻的印象。如德国汉堡城市街头场所，即在每年举办挑水比赛的场地环境，通过小人彩塑形式将一组参加挑水比赛起跑的配景类环境设施设于街头，从而生动地展现出街头场所特有的故事场景，并给人留下深刻的印象（图4-22）。

图 4-22　德国汉堡城市街头每年举办挑水比赛的场所环境

　　又如国内近年来不少城市在步行商业街场所空间营造中，常通过配景类雕塑来展现场景故事。北京王府井步行商业街，即通过剃头、黄包车、说评书来演示"老北京"的故事场景。武汉江汉路步行商业街，即通过煮热干面、竹床、演汉剧来表现"老汉口"的故事场景（图4-23）。

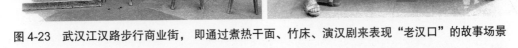

图 4-23　武汉江汉路步行商业街，即通过煮热干面、竹床、演汉剧来表现"老汉口"的故事场景

　　今天，这些特定场所空间的环境设施，已成为带有社会背景的城市产物。而环境设施故事性，作为现代城市场所空间的一部分，其所要传达的主题和故事的题材应来源于日常生活的乐趣、符号形象或细节，以及历史、文化、社会的习俗典故，以能为大众所理解并激发其参与体验的兴趣。当然，场景故事的实现，还需要尽可能地调动城市市民多个感官的参与，并可借助动态使用流程产生一定的互动性，以让城市市民

在参与过程中与场景故事产生有机联系，直至获得与场景故事的共鸣。

4.3　融于城市的环境设施设置规划

　　环境设施作为城市空间的有机组成部分，其设置规划与整个空间规划体系存在着密切的联系。就空间规划体系而言，"空间规划体系是以空间资源的合理保护和有效利用为核心，从空间资源（土地、海洋、生态等）保护、空间要素统筹、空间结构优化、空间效率提升、空间权利公平等方面为突破，探索'多规融合'模式下的规划编制、实施、管理与监督机制。空间规划体系是厘清各层级政府的空间管理事权，打破部门藩篱和整合各部门空间责权，从社会经济协调、国土资源合理开发利用、生态环境保护有效监管、新型城镇化有序推进、跨区域重大设施统筹、规划管理制度建设等方面着手建立的空间规划"。

　　2013年11月于北京召开党的十八届三中全会上，通过《中共中央关于全面深化改革若干重大问题的决定》中指出要"通过建立空间规划体系，划定生产、生活、生态空间开发管制界限，落实用途管制"。其后，习近平总书记在2013年12月的中央城镇化工作会议上指出要"建立空间规划体系，推进规划体制改革，加快规划立法工作"。由此推动了我国空间规划体制的改革。2015年9月中共中央国务院颁发的《生态文明体制改革总体方案》中进一步要求"构建以空间治理和空间结构优化为主要内容，全国统一、相互衔接、分级管理的空间规划体系，着力解决空间性规划重叠冲突、部门职责交叉重复、地方规划朝令夕改等问题"，同时指出"编制空间规划。要整合目前各部门分头编制的各类空间性规划，编制统一的空间规划，实现规划全覆盖。空间规划分为国家、省、市县（设区的市空间规划范围为市辖区）三级……"

　　2019年5月23日，中共中央、国务院印发的《关于建立国土空间规划体系并监督实施的若干意见》（下称《意见》）指出，建立国土空间规划体系并监督实施，将主体功能区规划、土地利用规划、城乡规划等空间规划融合为统一的国土空间规划，实现"多规合一"，强化国土空间规划对各专项规划的指导约束作用，是党中央、国务院做出的重大部署。国土空间规划是国家空间发展的指南、可持续发展的空间蓝图，是各类开发保护建设活动的基本依据。其编制工作的总体框架是"五级三类、四大体系"，五级是国家、省、市、县、乡镇国土空间规划；三类是国土空间总体规划、详细规划和相关专项规划；四大体系是建立国土空间规划编制审批体系、实施监督体系、法规政策体系、技术标准体系。而国土空间规划体系的建立，无疑会对以往在城市规划系统中所形成的环境设施设置专项规划带来相应的影响。如何在国土空间规划体系建立后，使环境设施设置专项规划适应其改革与发展的要求，让环境设施在整个城市空间既呈现出有序的共性视觉美感，又展现出与其他城市空间不同的个性特征，乃是环境设施设置专项规划尚需面对具有探索性的研究课题。

1. 规划层面中的环境设施设置

从国土空间规划体系来看，包括总体规划、详细规划和相关专项规划，这三个层级的规划具有内在联系（图4-24）。而相关专项规划是指在特定区域（流域）、特定领域，为体现特定功能，对空间开发保护利用做出的专门安排，是涉及空间利用的专项规划，《意见》中也强化对专项规划的指导约束作用。

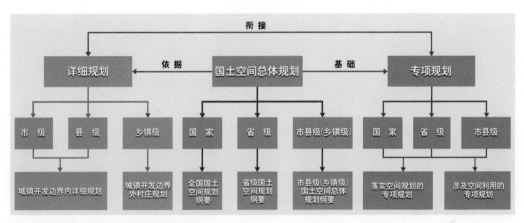

图 4-24　国土空间规划体系示意图

针对现行我国国土空间规划层面，结合环境设施设置规划的实际，我们从不同规划层面对环境设施设置规划设计的目标与任务进行分析，便于规划设计工作的开展。《意见》中指出公共服务设施的规划和设计，要延续历史文脉，加强风貌管控，突出地域特色。坚持上下结合、社会协同，完善公众参与制度，发挥不同领域专家的作用。运用城市设计、乡村营造、大数据等手段，改进规划方法，提高规划编制水平，并由相关主管部门组织编制。相关专项规划可在省和市县层级编制，不同层级、不同地区的专项规划可结合实际选择编制的类型和精度（图4-25）。

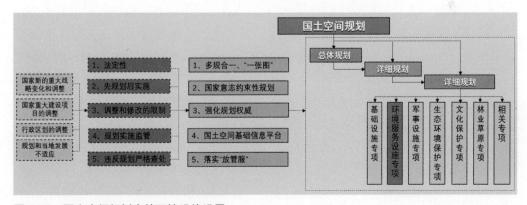

图 4-25　国土空间规划中的环境设施设置

2. 与环境设施设置相关的法规

随着国土空间规划的实施，国内现行的规划法律、法规、规章和规范也需做出一定的调整，而与环境设施相关的规划法律法规还有待总体层面的完善后再做出相应调整，目前还处于继续执行之中，其环境设施相关的规划法律法规主要集中在环境卫生、公共照明、无障碍、信息与交通类等内容方面所做出的原则性、规范性或建议性要求，以及最基本的建设标准，它们是国家为了满足人们生活需求而实施的各类环境设施政策，也是城市环境设施建设的基本依据（图4-26）。由于各类环境设施具有自己特有的功能物理属性和专业属性，各类设施的规范文件内容都是相对独立，指导不同的管理和实施部门的建设。

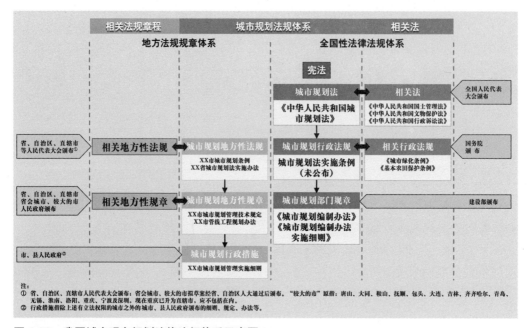

注：
① 省、自治区、直辖市人民代表大会颁布：省会城市、较大的市拟草案经省、自治区人大通过后颁布，"较大的市"原指：唐山、大同、鞍山、抚顺、包头、大连、吉林、齐齐哈尔、青岛、无锡、淮南、洛阳、重庆、宁波及深圳，现在重庆已升为直辖市，应不包括在内。
② 行政措施指除上述有立法权限的城市之外的城市、县人民政府颁布的细则、规定、办法等。

图 4-26　我国城市现有规划法律法规体系示意图

地方法规、规章和规范，主要针对当地城市建设发展的实际需要，对国家的法规和规范予以深化，其针对性和实施性更强。如北京市2008环境建设指挥部办公室与北京市质量技术监督局联合下发《城市道路公共服务设施设置规范》DB11/T 500—2007，即首次给城市公共服务设施与环境设施制定了管理规范。它针对城市道路上常见常用的12类公共服务设施与环境设施，包括废物箱、交通类护栏、街牌、步行者导向牌、公交车站设施、信筒、公用电话亭、信息亭、自行车存车架和围栏、座椅、活动厕所、报刊亭等，从设置原则、基本要求、设置位置、密度和尺寸等具体内容做出了详细指引，具有可操作的特点。纵览国内中央与地方立法与环境设施相关的规划法律法规，主要涉及信息类、卫生类、交通类与城市环境设施的内容，具体见表4-1。

表4-1　与环境设施相关的规划法律法规一览表

法规规范		名称
中央立法	法规	《城市市容和环境卫生管理条例》（2017）
	规章	《关于加强户外广告、霓虹灯设置管理的规定》（1996）
		《城市公厕管理办法》（2011）
	规范	《城市公共设施规划规范》GB 50442—2008
		《乡村公共服务设施规划标准》CECS 354—2013
		《城市道路工程设计规范》CJJ 37—2016 的道路照明和交通设施部分（第14、15章）
		《城市道路交通设施设计规范（2019年版）》GB 50688—2011
		《无障碍设计规范》GB 50763—2012
		《城市夜景照明设计规范》JGJ/T 163—2008
中央立法	规范	《城市道路照明设计标准》CJJ 45—2015
		《城市环境卫生设施规划标准》GB/T 50337—2018
		《环境卫生设施设置标准》CJJ 27—2012
		《城市公共厕所设计标准》CJJ 14—2016
		《城市公共厕所卫生标准》GB/T 17217—1998
		《城市容貌标准》CB 50449—2008
地方标准	法规	《上海市市容环境卫生管理条例》等各地的市容环境卫生管理条例
		《湖北省城市市容和环境卫生管理条例》
		《武汉市城市容貌规定》武政规〔2012〕11号
	规章	《上海市城镇环境卫生设施设置规定》
		《上海市户外广告设置规划和管理办法》
		《天津市景观灯光设施管理规定》《武汉市景观灯光设施建设和管理办法》等各地景观照明管理办法
		《广东省无障碍设施建设管理规定》等各省市的无障碍设施建设管理规定等
		《上海市公共信息图形标志标准化管理办法》等各地的公共信息图形标志管理办法
	技术标准或规范性文件	北京市《城市道路公共服务设施设置与管理规范》DB11/T 500—2016
		《上海市城市道路人行道公共设施设置准则》
		《上海市城市居住地区和居住区公共服务设施设置标准》（DGJ 08—55—2006）
		《上海市城市环境（装饰）照明规范》、上海市《城市居住区公共服务设施设置规定》
		《上海市户外广告设施设置技术规范》《广州市户外广告设置技术标准》《武汉市户外广告设置指引（试行）》《武汉市户外广告招牌设置技术规范》等各地广告或招牌设施设置规范或技术标准
		《广州市城市规划管理技术标准与准则——市政规划篇》
		《珠海市主城区道路及广场公共服务设施设置规划》
		《青岛市市区公共服务设施配套标准及规划导则》

3. 环境设施设置规划不同层面的工作

环境设施设置规划在不同层面的工作，主要包括控制性详细规划与修建性详细规划两个层面的工作，其中：

（1）就控制性详细规划层面来看　环境设施设置在控制性详细规划层面的工

作，最重要的是制定与管理密切相结合、便于管理、保证公共利益最大化的设置导则，这是规划和设计成果得以落实的重要保证。

1）环境设施设置导则的内容和深度

环境设施设置导则主要包括以下几个方面的内容：

明确环境设施设置的目标与原则。

确定环境设施的造型特征、空间分布与位置。

确定环境设施与绿化植被在场所空间等系统中的构成和组合关系。

确定设置场地的尺度、造型、设置方式等方面要求，以及针对特殊环境设施的特殊情况下的设计要求（图4-27）。

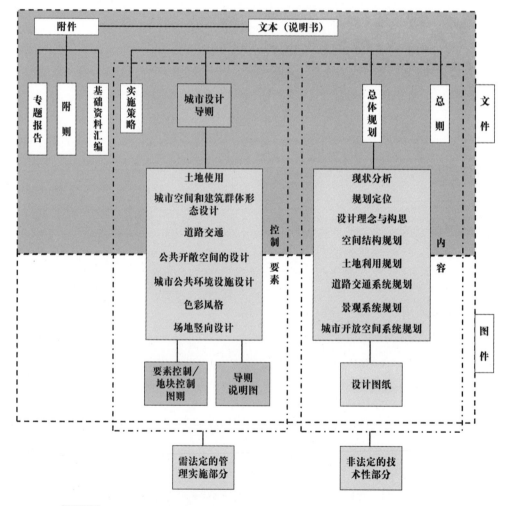

注：其中 ▨ 部分涉及环境设施设置的内容

图 4-27　控制性详细规划层面规划导则中涉及环境设施设置的内容

环境设施设置导则的深度。在控制性详细规划层面，设计深度一般分为两种情况：

纳入城市规划统一编制的控制性详细规划，编制可相对粗浅，重在普遍管理，但设计要对城市宜于单独编制设计的地段进行说明或建议。

单独编制的控制性详细规划，一般针对城市的重点地段，考虑因素较多，编制也尽量详细与深入。

2）环境设施设置导则中的控制要素　在城市环境设施设置导则中，控制要素主要是控制其设计要素，如位置、高度、体量、密度、距离、尺寸、尺度、颜色、材料、形式、造型、风格等。而控制要素主要可分为控制性要素和引导性要素见表4-2。

表4-2　设置导则中环境设施控制要素的相关内容

	控制性要素	引导性要素	
具体内容	设施设置方式、位置、密度（数量）、与周边环境的距离尺寸控制等	设施间在空间中的组合关系	设施的分布、形式、造型、材质、颜色、尺度、风格等
作用	1. 保证设施配置的合理、完善 2. 保证设施设置方式和位置合理，对城市景观环境、空间、交通等没有坏的干扰 3. 有利于人性化、无障碍环境的营造	1. 使设施与环境，设施间的和谐统一有了方向 2. 通过设施风格引导，展现地区的环境特色 3. 有利于人性化、无障碍环境的营造	
备注	定性定量相结合、刚性控制，刚性中带有一定弹性，比如对区间和幅度的控制	定性、弹性引导	

就控制性要素来看，它是对城市空间中对环境设施设置系统及基本特征的确定和要求，是必须遵循的。为了方便管理部门对控制内容的准确把握，应尽量将抽象的设计控制要求进行量化和具体化。对于可量化的部分进行定量控制，并可留有一定弹性范围；对于不可量化的部分做定性控制，明确要求，控制越详细，依据越坚实，就越能经得起严格检查。

就引导性要素来看，它是对城市空间中对环境设施设计的意向性建议，通常提供更加宽松，富有启发创造性设计思维的环境，并不构成严格限制和约束。

同时，环境设施设置导则尚应注意管理语言的正确使用，使用法律语言，简明易懂，配以图示说明。

此外，由于在控制性详细规划层面对环境设施的控制，无论是在《城市规划编制办法》或者《城市规划编制办法的实施细则》中都没有明确其内容，从而造成控制性详细规划对于这个部分的内容要么是直接被忽略掉，要么是考虑不充分。随着环境设施在城市空间中地位的提高与作用的显现，相关部门对其管理开始重视，在控制性详细规划层面中出现对环境设施设置的控制引导，即是通过对控制性详细规划编制中以往有关环境设施设置规划考虑不足的补充，并转化成控制性详细规划中设置导则，将其内容用文字形式予以明确规定，或直接作为控制性详细规划成果的一部分直接用作控制管理。

　　控制性详细规划层面的环境设施设置指引，其成果形式以武汉市户外广告设置规划指引为例予以呈现与展示（图4-28）。

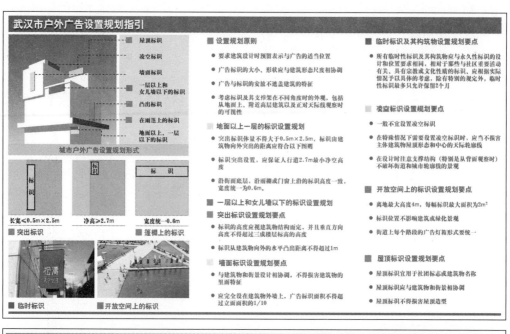

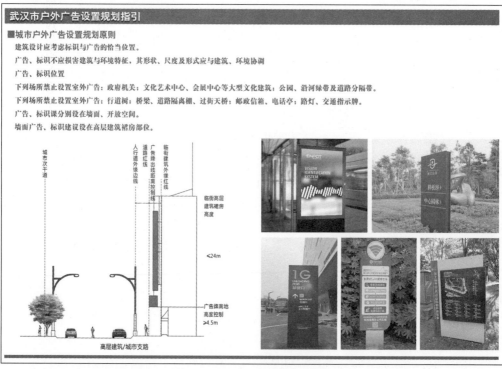

图 4-28　控制性详细规划层面的环境设施设置指引形式

（2）**就修建性详细规划层面来看**　环境设施设置在修建性详细规划层面的工作主要以设计为主，设计成果直接面向环境设施工程项目的实施，设计引导仅为辅助作用。其设计内容与图纸表达要求分别为：

1）**设计内容**

在城市空间设计方面：确定城市空间中广场、公园绿地的地面铺装、植物选择与配置等，喷泉、雕塑、灯具、电话亭、报刊亭、治安亭、公共厕所等环境设施的选型和布置，组织无障碍设计。

在城市场所设计方面：确定城市节点的主题、布局及详细设计方案。包括配景类、休息类、卫生类环境设施，诸如喷泉水景的设计、花坛石椅的组合设计、台阶座凳与地形相结合的设计等，并非环境设施单独的造型设计。

在城市道路设计方面：道路步行道铺地以及花坛、树池、护栏、邮筒、路标、垃圾箱、路灯等环境设施的选型与配置，地面、地下停车场（库）的位置、数量、出入口形式等。

2）**图纸表达要求**　环境设施设置规划图纸表达要求包括：城市环境设施设计构思草图，环境设施设计平、立、剖面图与节点大样图，环境设施设计效果图，环境设施设计模型，环境设施设置规划布局图等。绘制要求应以国家颁布的建筑制图规范为依据，从环境设施设计的整体布局到细部大样图，均需清晰表达环境设施设置规划的位置、设计或选型等。

（3）**环境设施设置专项规划指引的编制**　在城市空间中，环境设施属于城市空间的细节，其种类繁多、数量庞大，在控制性详细规划层面，无论是控制性详细规划还是环境设施设置专项规划，均难以考虑周全。而编制环境设施设置专项规划指引，可以有效解决控制性详细规划与环境设施设置专项规划尚涉及不到的地方和问题，使环境设施设置规划工作做得更为全面。

环境设施设置专项规划指引成果编制的深度，应介于控制性详细规划层面的控制和修建性详细规划层面的设计之间，控制的内容更具体、量化更细致，即使没有修建性详细规划和设计，也可直接指导环境设施在城市空间中的设置，同时还可为修建性详细规划和设计留有余地。例如北京市2008环境建设指挥部与北京市质量技术监督局联合下发《城市道路公共服务设施设置规范》DB11/T 500—2007，虽然覆盖范围不仅仅是北京商务中心区，而是整个北京市区的城市道路，但它却是国内首部也是唯一一部关于环境设施的专项规范见表4-3。

规范明确了城市环境设施的设置范围和设置标准，在优先制定北京2008年奥运会前急需整治的12种公共服务设施与环境设施设置标准的基础上，对全市道路上30类38种公共服务设施与环境设施存在的各类问题予以分析并提出整改措施，规范要求其后北京市城市公共服务设施与环境设施的设置将采取联合审批，由受理部门联合其他相关部门在限定时间内予以审批，并实施监管，确保监管的有效性。

表4-3　北京市环境设施设置的专项规范成果分析

成果构成			内容和深度分析
前言			一般要求：
引言			4.1 沿车行道边的设施带内，不应设置座椅、活动厕所、报刊亭
规范内容	总述	1 范围 2 规范性引用文件 3 术语和定义 4 总则 5 一般要求	4.2 沿车行道边的设施带内的设施，外缘不应越出设施带范围 4.3 通行带宽度不应小于1.5m，沿车行道边的设施带宽度不应超过2.0m 4.4 通行带除必要的交通设施外不应设置公共服务设施；路口人行带除必要的交通设施和废物箱外不应设置公共服务设施
	分述	6 废物箱 7 交通类护栏 8 街牌 9 步行者导向牌 10 公交车站设施 11 信筒 12 公用电话亭 13 信息亭 14 自行车存车架和围栏 15 座椅 16 活动厕所亭 17 报刊亭	17 报刊亭（以此为例）： 17.1 设置位置 17.1.1 宽度5m以下的人行道不应设置报刊亭 17.1.2 距人行天桥、人行地道出入口、轨道交通站点出入口、公交车站的人流疏散方向15m范围内的人行道不应设置报刊亭 17.2 设置密度 同侧设置间距不应小于500m 17.3 限制尺寸 占地面积不应大于6m²
附录		附录A（资料性附录）设施带 附录B（资料性附录）路口人行带	

北京市2008年《城市道路公共服务设施设置规范》实施后，促使北京市城市道路公共服务设施及环境设施设置有规可循，也便于其后的管理，并为国内其他城市编制环境设施设置专项规划指引在应用与实施方面提供了可借鉴的经验，具有实用价值与推广意义（图4-29）。

另在2012年2月至2015年12月由华中科技大学建筑与城市规划学院城市环境艺术设计研究室与景观学系师生参与的珠海市市政园林和林业局等机构完成的《珠海市主城区道路及广场公共服务设施设置规划》成果中，其环境设施设置专项规划指引的编制，即从环境设施设置标准、设置布局、案例借鉴和具体造型等层面来展开，并从环境设施设置专项规划指引编制层面建构起珠海市主城区道路及广场公共服务设施设置规划设计分类图库，以供其在珠海市主城区道路及广场公共服务设施设置规划设计中的推广应用。

图 4-29 北京市城市道路公共服务设施

4.4 城市规划中的环境设施设置专项规划

城市环境设施的建设，既体现出一个城市的文明与发展程度，同时也反映着城市市民的生活质量，从规划设计的角度看，环境设施设置规划作为城市规划中的专项规划，在城市空间中进行环境设施设置规划，其内容包括与上位规划的衔接，城市调研与经验借鉴，设计理念与风格定位，配置标准与类型选择，规划布局与造型设计等。

1. 与上位规划的衔接

城市环境设施设置规划，作为城市规划中的专项规划，其规划的基础应该建立在城市总体规划原则和要点的基础上。并依据环境设施设置规划的具体任务和要求，分别与城市总体规划、城市分区规划、城市重点地区控制规划、城市风貌特色规划、综合交通运输体系规划等上位规划衔接，以从宏观视角把握环境设施设置规划的方向与路径，使城市环境设施通过设置规划，能与所处城市的空间环境形成有机联系，直至体现出城市的风貌特色。

2. 城市调研与经验借鉴

（1）对环境设施设置规划所在城市调研　对环境设施设置规划所在城市性格、市民诉求、生活向往、造型构想、场所环境及文化内涵，以及环境设施设置规划的空间范围、制约条件、功能需求、观赏特点、活动特点及行为心理等进行调研与分析。这些问题既可以通过问卷或访谈的方式进行重点了解，又可以通过设计师对城市空间的观察进行专业分析。其城市环境设施设置现状调研内容见表4-4。

表4-4　所在城市环境设施设置现状调研内容

序号	调研层面	设计调研内容	备注
1	城市环境	城市地质、地貌、水文、气候、光照、动植物、土壤、绿地、水体，人工建（构）筑物等诸多要素	
2	空间场所	城市特定公共空间或建（构）筑物处所活动空间范围、制约条件、功能需求及观赏效果	
3	适用人群	城市环境设施的人群类型、年龄性别、使用流量、行为心理及活动特点	
4	特色凸显	城市性格、市民诉求、生活向往、造型构想、场所环境及文化内涵	

1）所在城市空间中环境设施设置的功能是否满足城市整体的需求，设置位置是否合理，数量是否足够，材料与结构是否耐用、是否需要维护等。

2）城市市民对环境设施使用是否方便、环境设施是否通用，能否符合市民功能的需求、行为和心理要求等。

3）环境设施与城市空间及场所环境之间，在其造型的形态、色彩、材质等方面是否相互协调，能否适合城市自然条件、人文条件对环境设施的影响。

此外，主题性已成为环境设施设计主要发展方向之一，然而许多设计师在寻找与发现问题的过程中并没有发现其重要性或重视不够。仅从城市空间、环境设施、城市市民三个方面寻找与发现、思考问题是不够的，还应考虑到主题体验性在环境设施中的作用。在体验互动时代来临的今天，我们周围到处可见各种主题性体验的环境设施，诸如日本迪士尼乐园、香港海洋公园、深圳欢乐谷等场所空间中各类具有主题性体验的环境设施，均要求我们在城市环境设施设置规划中予以关注与把握（图4-30）。

图 4-30　日本迪士尼乐园、香港海洋公园、深圳欢乐谷等场所空间中各类具有主题性体验的环境设施

（2）环境设施设置规划案例的经验借鉴　"他山之石，可以攻玉"，进行环境设施设置规划，除需完成上述调研工作外，还需对环境设施设置规划方面的国内外相关、相近设计优秀案例进行比较研究，并结合所在城市及场所环境设施设置规划的实际情况与具体需要对形式多样的案例进行选择，在分析与选择的基础上，将其成功经验应用于所在城市与环境设施设置规划之中。

案例选择的要点：

一是与所在城市及场所环境设施设置规划的实际情况相关或相近。

二是要把握好案例的层次，有可供借鉴的经验与应用价值。

三是要注重差异性，以便于规划设计中的比较与参考。

予以借鉴经验包括：国内外相关、相近案例中，环境设施设置规划与城市空间的联系、场所环境的结合、市民诉求的满足、历史文脉的延续、形象特色的展现、高新技术的引用、规划布局的形式、造型设计的特点、配置标准与选型、日常管理与维护等方面予以归纳与提炼，从而对所在城市环境设施的设置规划产生具有建设性的促进作用。如本书第六章所列意大利城市时尚之都米兰与世界著名的历史文化名城威尼斯、日本千年古都京都、有"花园城市"之称的新加坡及前卫现代的北京CBD等案例，均从不同层面展现出环境设施设置规划中可供借鉴的成功经验（图4-31）。

图 4-31　国内外城市环境设施设置规划中可供借鉴经验的成功案例

3. 设计理念与风格定位

设计理念与风格定位是进行城市环境设施设置规划的关键与重点，在城市环境设施设置规划中起着指导性作用，决定着在城市空间的发展方向与工作路径。而合乎所在城市环境设施设置规划的设计理念与风格定位，可以引导城市市民更新审美观念，提高生活水平，达到陶冶情操，增进城市认知的目的。

（1）设计理念　有关理念，在《辞海》中对其一词的解释有两条，一是"看法、思想，思维活动的结果"；二是"观念（希腊文idea），通常指思想。有时亦指表象或客观事物在人脑里留下的概括的形象"。

而设计理念，是设计者针对设计所产生的诸多感性思维进行归纳与精炼所产生的思维总结，也是设计作品的主导思想。它是在设计前期阶段设计者必须对将要进行设计的方案做出周密的调查与策划，分析出用户的具体要求及方案意图，整个方案的目的和意图，以及设计的相关背景（包括设计对象、地域特征，文化内涵等），再加之设计师独有的思维素质产生的设计构想。设计理念赋予作品文化内涵和风格特点，它不仅是设计作品的精髓所在，也是使设计作品具有个性化、专业化及产生与众不同效果的首要条件（图4-32）。

就城市环境设施设置规划来看，现代设计理念主要有以下走向：①注重空间的设计理念；②注重场地的设计理念；③注重地域文脉的理念；④注重时尚的设计理念；⑤注重简约的设计理念；⑥注重生态的设计理念；⑦注重和谐的设计理念；⑧注重科技的设计理念；⑨注重个性的设计理念……

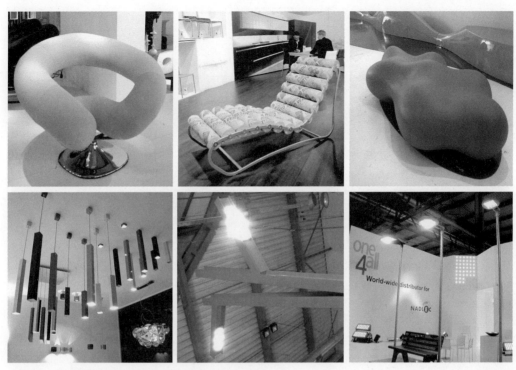

图 4-32　享誉世界的米兰家具博览会与设计三年展

　　因此，就现代城市环境设施设置规划设计理念而言，我们只能"就人论人，就事论事"，绝不能以偏概全，用几句口号来概括现代城市环境设施设置规划的整体设计理念。对于同样的理念，不同的设计者可能会有不同的理解。即使同一个设计者，当他面对不同的城市间与场所环境时，也可能会提出不同的设计理念。而设计者如何选择与确立现代设计理念为城市环境设施设置规划服务，才是问题的关键所在。

　　（2）风格定位　　所谓风格，是指不同的思潮与地域特质透过创造的构想和表现，并逐渐发展成的具有代表性的设计形式。我们知道，任何一门设计艺术，都是有其自身所特有的风格的。而环境设施设置规划与造型的风格，却与所处城市的自然及人文条件息息相关，并受到地理环境、人文历史、民族风俗、城市性格、市民诉求、生活方式、文化意蕴、时尚潮流、宗教信仰等的影响，以及所处城市的经济、生态、科技、材料与制造等条件的制约，这些都促使环境设施的设置规划与造型设计呈现出丰富多彩的样式与风格。

　　就城市环境设施的设置规划与造型设计风格定位来看，它是实现城市整体风貌与特色规划的基础和关键。为此，进行环境设施设置规划与造型设计的风格定位，不仅需要与所在城市整体风貌与特色规划等上位规划衔接，并且还需在上位规划的基础上做更为深入的挖掘工作，以提出具有可操作的环境设施的设置规划与造型设计风格定位。

　　而一个城市的风貌与特色，是历经多少年的演变与发展逐渐形成的，它具有一致性和多样性的特点。其中：风格的一致性，如我们今天见到不同的城市说它具有某种风貌与特色，就是基于这个城市长期以来形成的整体印象而言的，与其城市风格的稳定性紧密联系；风格的多样性，是因为城市作为人类的聚集地，也是伴随着时代前进的步伐，不断地吐故纳新，永无止境地发展，其城市风貌与特色也是不断演变，并在整体风貌与特色下呈多元倾向。由此可见，所谓一致，是多样性的一致，是异中之同；所谓多样，则是一致中的多样，是同中之异。基于这样的认识，我们在对国内外多个城市整体风貌与特色规划设计案例的归纳分析，以及对相关城市环境设施设置规划与造型设计探索的基础上，认为在城市整体风貌与特色控制下，其风格定位主要围绕以下工作路径来展开：一是延历史文脉精华；二是与地域特征结合；三是与场所环境协调；四是融外来文化影响；五是反映对时尚追求；六是城市未来畅想等。且在城市不同功能分区与场所空间呈现出不同设计风格（图4-33），其中：

1）**地域特色**　以地域建筑装饰特色的更新设计，如城市空间中展现传统与民族地域建筑装饰文化特色区域的环境设施设置规划与造型设计。

2）**传统风格**　以传统建筑装饰特色的仿古设计，如城市空间中的重要文物建筑、历史街区及其保护区等环境的环境设施设置规划与造型设计。

3）**外来潮流**　以外来建筑装饰特色的仿古与更新设计，如城市空间中展现外来建筑及装饰文化特色区域的环境设施设置规划与造型设计。

4）**场所个性**　以场所空间环境特色的个性设计，如城市空间中某类特定环境（纪念、交通、科技、教育、医疗、居住、儿童、老人等）的环境设施设置规划与造型设计。

图 4-33　城市环境设施的风格定位，是实现城市整体风貌与特色规划的基础和关键

a）具有岭南地域特色的珠海市公交站廊　b）具有传统风格的京都古寺前景点告示招牌
c）具有外来风潮的宾馆入口空间灯具花坛　d）具有场所个性的商务办公休闲空间环境设施设置
e）具有浪漫时尚特色的配景类雕塑　f）具有前卫现代特色的日本东京美术馆信息导向设计

5）**浪漫时尚**　以浪漫与时尚造型为特色的设计，如城市空间中公园、绿地及商业、会展等区域的环境设施设置规划与造型设计。

6）**前卫现代**　以前卫与现代艺术潮流为特色的设计，如城市空间中文化、艺术、体育、中央商务区与高新技术开发新区区域的环境设施设置规划与造型设计。

严格地说，在城市空间中对其环境设施设置与造型的风格是无法规划的，其风格定位主要是对环境设施的设置与造型予以控制，避免城市空间中环境设施设置与造型的风格无序发展，使城市空间中环境设施的风格呈现出"多样、兼容、开放、纳新"的文化特征。

4. 配置标准与类型选择

在城市环境设施设置专项规划指引编制中，配置标准与类型选择是其最主要的构成内容。就其配置标准与类型选择来看，应坚持以人为本的原则来制定，通过对城市环境设施设置专项规划，提出可量化的配置标准建议，在城市空间与场所环境中合理配置环境设施，并使之能够满足其空间环境的功能需求，方便城市市民的生活和工作。

（1）环境设施设置的配置标准

1）**编制依据**　编制城市环境设施的配置标准，其编制依据主要有以下几点：

应满足国家与地方相关规范的要求。我国在环境设施与设施配置方面，目前已制定了一系列国家与地方的相关规范标准，它们无疑是我们编制所在城市环境设施的配置标准的重要依据。

应满足以城市市民为本的设计原则。由于环境设施的配置规划目前在国内尚处于起步阶段，加之其涉及面大，国家与地方在这个方面的相关规范标准还有不少未涉及的空白。对城市空间与场所环境中未作规定环境设施与设施配置，则需结合城市的经济发展水平与市民活动的实际要求，在引入行为心理学、环境心理学与人体工学等学科知识及不同人群的生理条件和行为特征基础上，提出具有建议性配置标准，并为未来城市的发展留有余地。

应符合环境设施设置经济适用的需要。城市环境设施的配置标准的制定，一定要考虑经济适用的原则，不能盲目提高标准，直至造成资源的浪费。

2）**配置标准**　城市环境设施类型繁多，并不是所有的环境设施都需要给出量化的配置标准。因此，在配置标准制定中只能选取一些重要的环境设施提出建议性的配置标准。对于不能做出定量要求的环境设施，应结合所在城市空间与场所环境的具体情况，以满足城市市民活动的需求，方便其生活和工作来提出建议性的配置要求。这里以厦门市城市住区为例，对环境设施与设施配置标准予以解析（图4-34）。

配置标准是在选取较具代表性的环境设施与设施配置进行分析的基础上，通过挖掘住区居民潜在的实际需求，并以此作为制订标准的依据所提出的，配置标准见表4-5。

图4-34 厦门市城市及住区环境设施与设施配置实景

表4-5 厦门市城市住区环境设施与设施配置标准

类别	环境配置	环境设施	居住区级			居住小区级			组团级			设置要求
			高档	中档	普通	高档	中档	普通	高档	中档	普通	
普及型环境设施	绿化种植	乔木种植	●	●	●	▲	▲	▲	■	■	■	1. 绿化设施的配置应符合下列要求： （1）乔木量≥30株/公顷；绿地 （2）立体及复层种植组群占绿地面积≥20% （3）木本植物种类≥60种。 2. 风雨走廊亦可设于建筑物二层以上平台 3. 防噪设施应达到有效防噪的目的，符合我国居住环境噪声标准 4. 儿童游戏场的设置要求应符合国家相应的标准，若幼儿园中的游戏场地向公众开放，亦可将其计入儿童游戏场统计中
		灌木种植	●	●	●	▲	▲	▲	■	■	■	
		草坪或花坪种植	●	●	●	▲	▲	▲	■	■	■	
	休息设施	桌、椅、凳	●	●	●	▲	▲	▲	■	■	■	
	遮阳设施	遮阴树	●	●	●	▲	▲	▲	■	■	■	
		风雨走廊	●	●	●	▲	▲	▲	■	■	■	
		花架廊	●	○	○	▲	△	△	□	□	□	
		亭	○	○	○	△	△	△	□	□	□	
	防噪设施	蜂窝隔声窗（仅限于临街住宅）	●	●	●	▲	▲	▲	■	■	■	
		停车场噪声隔离设施（隔声屏/植物隔声带）	●	●	●	▲	▲	▲	■	■	■	
	无障碍设施	无障碍坡道、通道、标志系统、专用厕所等	●	●	●	▲	▲	▲	■	■	■	
	照明设施	路灯	●	●	●	▲	▲	▲	■	■	■	
		庭院灯	●	●	●	▲	▲	▲	■	■	■	
	识别性设施	楼门牌	●	●	●	▲	▲	▲	■	■	■	
		指示牌	●	●	●	▲	▲	▲	■	■	■	
		识别标志物	●	●	○	▲	▲	△	■	■	□	
	儿童游戏场	沙坑、秋千、绘画用的地面、滑梯、攀登架等	●	●	●	▲	▲	▲	■	■	■	
	交往娱乐设施	硬质场地、室外平台或广场	●	●	●	▲	▲	▲	■	■	■	
	运动健身设施	羽毛球场	●	●	●	▲	▲	▲	□	□	□	
		运动器械	●	●	●	▲	▲	▲	■	■	■	
		乒乓球台	●	●	●	▲	▲	▲	■	■	■	
	老年人活动设施	供跳舞、练气功、打太极拳等活动用的硬质铺装场地及健身器材	●	●	●	▲	▲	▲	■	■	■	

（续）

类别	环境配置	环境设施	居住区级			居住小区级			组团级			设置要求
			高档	中档	普通	高档	中档	普通	高档	中档	普通	
提高型环境设施	照明设施	装饰灯具	●	○	○	▲	△	△	■	□	□	1. 绿化设施的配置应符合下列要求： （1）乔木量≥30株/公顷；绿地 （2）立体及复层种植组群占绿地面积≥20% （3）木本植物种类≥60种。 2. 风雨走廊亦可设于建筑物二层以上平台 3. 防噪设施应达到有效防噪的目的，符合我国居住环境噪声标准 4. 儿童游戏场的设置要求应符合国家相应的标准，若幼儿园中的游戏场地向公众开放，亦可将其计入儿童游戏场统计中
	运动健身设施	游泳池	●	○	○	▲	△	△	—	—	—	
		篮球场	●	○	○	▲	△	□	—	—	—	
		网球场	●	○	○	▲	△	—	—	—	—	
		排球场	○	○	○	△	△	—	—	—	—	
	老年人活动设施	球类运动场（门球等）	●	●	●	△	△	△	—	—	—	
	装饰环境设施类设施	花坛、花台、花池	●	○	○	▲	△	△	■	□	□	
		彩色图案铺地	●	○	○	▲	△	△	■	□	□	
		水景	●	○	—	▲	△	△	■	□	□	
		叠石假山	●	○	—	▲	△	△	■	□	□	
		雕塑	●	○	○	▲	△	△	■	□	□	

注：1. 居住区规模为 2 万—5 万人，小区规模为 0.7 万—1.3 万人，组团规模（含独立式组团）为 0.1 万—0.5 万人。
　　2. ●居住区须设置的项目；○居住区可选择设置的项目；▲居住小区须设置的项目；△居住小区可选择设置的项目；■居住组团须设置的项目；□居住组团可选择设置的项目；—不需设置的项目。

（2）环境设施设置的类型选择　城市环境设施种类繁多、数量庞大，不是所有的环境设施类型都要布满城市的广场与街道、节点，而是应依据城市空间与场所环境的不同等级、性质、功能与市民活动的实际需要，有针对性地予以筛选与配置，以达到物尽其用的目的。

这里以城市道路为例，对其环境设施与设施的类型提出选择建议。其选择程度分为：应设置、宜设置、不必设置和不应设置等4种，见表4-6，其选择依据为：

1）城市道路使用者的需求决定对环境设施与设施类型选择的必要性，其需求包括对城市道路的识别、位置和方向；是否安全、顺畅和舒适地通行；是否方便短暂的休息、候车中转换乘等。

2）城市道路的功能、性质和等级，道路能否设置环境设施的客观条件等。

3）城市道路方面相关的规范及技术标准的要求。

表4-6　城市道路环境设施与设施类型选择

环境设施与设施类型	编号	环境设施与设施名称	道路性质				道路等级		
			交通性道路	生活性道路	商业性道路	步行街道	主干道	次干道	支巷道
信息类	1	指示系统	●	●	●	●	●	●	○
	2	导览图	●	○	●	●	●	●	△
	3	户外广告/电子广告	△	○	●	○	△	○	○
	4	（电子）宣传栏	△	○	●	○	△	○	○
	5	路标	●	●	●	●	●	●	●

（续）

环境设施与设施类型	编号	环境设施与设施名称	道路性质				道路等级		
			交通性道路	生活性道路	商业性道路	步行街道	主干道	次干道	支巷道
交通类	6	照明设施	●	●	●	●	●	●	●
	7	路障/栏杆	●	●	●	●	●	○	○
	8	人行天桥/地下通道	●	○	○	○	●	○	△
	9	人行横道	□	●	●	●	○	●	●
	10	铺地	●	●	●	●	●	●	●
服务类	11	报刊亭	□	●	●	○	□	□	●
	12	电话亭		●	●	●		○	△
卫生类	13	垃圾箱	●	●	●	●	●	●	●
	14	公共厕所	○	●	●	●	●	●	●
配景类	15	雕塑	○	●	●	●	○	○	○
	16	花坛	●	●	●	●	●	●	●
	17	喷泉	□	△	○	○	□	△	△
康乐类	18	健身锻炼器械	△	○	△	○	△	○	○
休息类	19	休息椅/坐凳	○	●	●	●	○	●	●
管理类	20	消火栓	●	●	●	●	●	●	●
无障碍	21	坡道	○	○	●	●	○	●	●
	22	盲道	●	●	●	●	●	●	●

注：●表示应设置，○表示有条件时宜设置，△表示不必设置，□表示不应设置。

表4-6中9类环境设施与设施类型的选择，目的在于确保道路的畅达性，增加道路的舒适性，加强道路的形象性及道路的安全性，直至更好地体现道路的特色，营造出城市空间的精神风貌与管理成效。

5. 环境设施设置的规划布局

作为城市规划中的专项规划，环境设施设置规划的布局形式包括点状、线状与面状等形式，且环境设施呈点状布局形式的居多，只是不管哪种布局形式，均受到其所处空间环境的制约。

（1）点状存在与布局 "点"是具有空间位置的视觉单位。环境设施的"点"体现为一定大小尺度的设施形态，其作用为形成城市空间的聚焦点，同时控制一定的空间领域，是形成场所空间的趣味中心。如设立在城市广场中的纪念碑、雕塑及公共艺术作品，城市道路与节点林荫大道终端的盆栽、地灯等，都作为"点"成为空间环境的焦点。

而环境设施设置规划中的点状布局，是指独立或组成单元集中布置的布局形式。这种布局常常用于城市空间重要位置，除了能加强城市的空间层次感以外，还能成为场所环境的视觉中心。因此，在环境设施的设置与选用上应更加强调其观赏性。

点状布局主要用于城市广场、道路与节点、绿地与公园等空间环境，并可作为城市空间中具有标志性的景观，是场所环境中运用最广泛的环境设施设置规划布局形式（图4-35）。

图 4-35　环境设施设置规划中的点状存在与布局

（2）线状连续与布局　"线"比"点"是点进行移动的轨迹，比"点"具有更强的感情性格，它也是面的边缘及面与面的交界。在城市环境设施设置规划中，诸如城市空间中的隔离栏杆、路灯旗杆、导向招牌、禁行路障、休息坐椅等，均形成线性排列的形态。当市民沿着道路行走，具有连续的线状环境设施设置形式，不仅对市民与游人起到一种视觉的引导作用，还给市民与游人带来一种流畅的视觉美感。

从城市空间中环境设施的线状布局形式来看，主要有直线式或曲线式之分。其中直线式是指用数件环境设施排列于城市空间之中，组成带式、折线式等形式，以能起到场所环境功能分区、空间组织、光线调整的作用；而曲线式则是指把环境设施排成弧线形，如半圆形、圆形、S形等多种形式，并借以划定范围，以组成较自由流畅的空间环境。另外利用场所环境中高差，还可排列成有节奏与韵律、高低相间的环境设施形态，以形成富有表现力的规划布局效果（图4-36）。

图 4-36　环境设施设置规划中的线状连续与布局

（3）面状承载与布局　　"面"在几何学中的含义是线移动的轨迹，它具有长、宽两度空间的意义。是视觉审美语言中发挥影响的重要因素。在城市环境设施设置规划中，面状布局是指由若干个点组合而成形式，多数用作背景的，诸如城市空间中的地面铺装；还有用来遮挡空间中有碍观瞻的东西，这时环境设施就不是背景而成为场所空间内的主要景点了。环境设施的面状布局形态有规则式和自由式两种，它常用于城市广场与重要节点空间之中，其布局宜丰富多变并具有层次，以达到美观耐看的艺术效果（图4-37）。

图 4-37　环境设施设置规划中的面状承载与布局

（4）点、线、面的综合与布局　　环境设施的综合布局是指由点、线、面有机结合构成的布局形式，也是城市空间中环境设施应用最多的布局形式。它既有点、线，又有面，且组织形式多样，层次丰富。在环境设施布置中应注意高低、大小、聚散等关系的处理，并需在统一中有变化，以达到其丰富场所空间内涵与主题塑造的作用。

第5章 城市环境设施的造型设计

所谓造型，是在一定观念及情感驱动下，有目的地采用某些物质材料，通过对形态、色彩等要素进行编排组合，创造视觉形象的活动。而造型设计（Modeling Design）是人类为达到某种造型的目的，综合地运用社会的、经济的、技术的、心理的、生理的手段所进行的构思和计划。而设计则是造型计划进行的综合思维活动，并把构想通过专用语言（图纸、图像、模型等）表达出来，是一个对物体整体形象进行全方位构思计划（图5-1）。

图 5-1　造型通过对形态、色彩等要素进行编排组合创造视觉形象

5.1　环境设施造型的设计要素

从城市空间中的环境设施造型来看，决定环境设施造型的设计要素主要包括城市环境设施的形态、色彩、材质与光影等，以及结合所处城市功能、形象定位、风貌特色与文化建构等内容所进行的造型活动。

1. 环境设施造型设计的形态

城市空间中环境设施的造型最主要的要素就是形态。它是造型设计对象最基本的空间特征。其中"形"是指在一定视觉角度、时间、环境条件中展现出的轮廓尺度与形状特征，是物体客观、具体和理性、静态的物质存在。"态"则是指事物的内在发展方向与伸展趋势，具有较强的时间感和非稳定性，并具有个性、生命力和精神意义。两者密不可分，空间形态的创造可以是抽象形态的变化，也可以是自然形态的模拟，更可以是对日常形态的再思考。

形态是环境设施在城市空间中能否引起人们注意，使人参与到空间环境中各种活动的关键。其环境设施在外观造型设计上的变化，受环境设施主要构造、场所等条件的限制，设计人员应该巧妙地利用这些限制，优化造型。优良的形态设计能使环境设施有效地使用，并给人以强烈的视觉印象。环境设施是具体的、可感受的实体，其设计造型可抽象为点、线、面三个基本要素（图5-2）。

图 5-2　形态由点、线、面三个基本要素所构成

　　点，是最简洁的形态，可以表明或强调位置，形成视觉焦点。线，不同形态表现不同的性格特征：直线表现严肃、刚直与坚定；水平线表现平和、安静与舒缓；斜线表现兴奋、迅速与骚乱；曲线代表现代美、柔和与轻盈。如果线的运用不当会造成视觉环境的紊乱，给人矫揉造作之感。形态各异的实体表面含有不同的表情，决定了环境设施总体的视觉特征。点、线、面基本要素及相互之间的关联，展现出的丰富多彩通过分离、接触、联合、叠加、覆盖、穿插、渐变、转换等组合变化，使环境设施造型实现个性化的表现，便于人们识别与品味。点、线、面的基本要素在变化中演化成新的造型语言，是新时代意识下的创意构思，而不再是历史的翻版。当然，城市空间中环境设施的形态创造不同于单纯的审美创造，它结合了设计者在基本功能要求下的艺术趣味和审美理解，是基于环境设施的功能与结构、单元形态、尺度比例、材料选择、表面处理的整体安排。同时，环境设施的形态设计又必须符合基本的美学法则，体现当代城市空间在审美上的视觉需要。

2. 环境设施造型设计的色彩

　　色彩是城市空间中环境设施重要的造型要素之一，只是色彩不能脱离形体、空间、位置、面积、肌理等而单独存在。它必须依附于一定的形体与空间环境等因素来展现其自身的特性与魅力。作为造型要素，有色彩的形态远比无色彩的形态更容易吸引人的注意力。而色彩学是介入科学与艺术的综合学科，其科学上的根据包含物理、化学、生理学及心理学，其艺术上的作用则在于色彩的应用表现上。

　　色彩是一种富于象征性的形式媒介，色彩用于造型犹如衣服用于人类，对造型的风格有着决定性的影响。在我们的设计中，恰当运用色彩的表情，能使我们设计的形态具有轻重、进退、胀缩等多种感觉。这里要强调"色彩调整"的原则，这一原则强调：要注意环境与用具的色彩和谐。环境设施在色彩运用上有两个基本特征：一是使用强烈的颜色，具有强烈颜色的产品易脱颖而出，以吸引购买力，并在单调的环境中产生重点，同时也具有危险警告作用；二是使用中性颜色，因为中性颜色很容易融入环境中。

人们在生活中使用着各种各样的产品，这些产品又有着不同的颜色，因此，它们的色彩宜中庸而不宜强烈。这样，可以避免各种颜色的冲撞，创造一个协调的生活环境。

城市空间中环境设施的色彩往往带有很强的地域、宗教、文化及风俗特色。色彩既要服从整体色调的统一，又要积极发挥自身颜色的对比效应，使色彩的搭配与造型、质感等外在的形式要素协调，做到统一而不单调，对比而不杂乱（图5-3）。巧妙地利用色彩的特有性能和错视原理拉开前景与背景的距离，使公共信息系统设施比较端庄的形体变得轻快、亲切。在世界各国的大都市中，英国伦敦对城市的色彩控制就较为成功，城市的主体建筑基本上采用中灰、浅灰色调，而公共汽车、路牌、邮筒、电话亭等环境设施则采用鲜艳亮丽的色彩，使整个城市环境显得温文尔雅，亲切生动，增强了环境的感染力（图5-4）。

图 5-3　城市空间中环境设施的色彩往往带有很强的地域、宗教、文化及风俗特色

图 5-4　英国伦敦城市主体建筑采用中灰、浅灰色调，公共汽车、路牌、邮筒、电话亭等环境设施则采用鲜艳亮丽的色彩

3. 环境设施造型设计的材质

材质是材料与质地的统称，人们对于材质的知觉心理过程是较为直接的。材质本身也是一种艺术表现形式，良好的材质可以使环境设施设计用最简约的方式更好地展示其艺术的表现魅力。设置在城市空间中的任何一件环境设施，无论功能简单或复杂，都要通过其外观造型，使机能由抽象的层面转化为具体的层面，使设计的理念物化为各个应用实体（图5-5）。现代设计中的材料质感的设计，作为环境设施造型要素之一，随着加工技术的不断进步、物质材料的日益丰富而受到各国设计师的重视。

环境设施材料质感的选择，经济效益是很重要的考虑因素，设计师常常是在材料质感的"限制"下去做设计的。材料质感有各自的视觉性格，为了使材质更符合使用与视觉要求，设计时必须对材质的表面作适当的设计。而运用不同材料的表面进行再处理或加以配置组合，可给用户以各种不同的视觉感受。

图 5-5　城市空间中的环境设施的材质，用最简约的设计方式表现其艺术效果的特质与魅力

在环境设施的造型设计中，可利用材料的表面变化或构成肌理来达到设计所要求的造型效果。环境设施的造型设计，若表面处理完美可以改善其使用性，使环境设施易于保养，美学信息传达得更好。

4. 环境设施造型设计的光影

光是一种物质，它是构成空间必不可少的条件。如果说形态、色彩、材质是城市空间中环境设施的实体要素，那么光作为影响这些实体要素的介质，是环境设施的造型设计中不可少的设计要素之一。而光影是指用光线营造出的影调变化，在城市环境设施的造型设计中，从光影要素来看，其重要性体现在没有光的照射就无法保证人们各种活动的正常进行，也无法塑造出环境设施的体型、质感、色彩及其丰富变化的艺术品质，从而引起人们对整个空间环境的共鸣。美国著名现代建筑大师路易斯·康（Louis Isadore Kahn）曾说："对我来说，光是有情感的，它产生了与人合一的领域，将人与永恒联系在一起。它可以创造一种形，这种形是一般造型手法无法获得的。"

环境设施的造型在自然光照射下会随着时间的变化而出现丰富的光影效果，并使环境设施具有节奏感和层次感。同时自然光还有照明、传热、保健等功能，绝大多数的环境设施是直接处于自然光的映照下的，所以在进行其造型设计时，应结合城市空间环境的特点，以尽量让光的特征发挥到极致，使环境设施能够与自然光的照射达到完美融合。今天，在城市空间中人工光也广泛运用到环境设施造型塑造，利用人工光的整体、重点与装饰照明方式，不仅可创造出富于变化的环境设施空间氛围，也增强了环境场所的艺术感染力（图5-6）。

可见，无论是自然光还是人工光，它们对城市环境设施的造型设计所起作用是巨大的，定将在未来城市空间环境中发挥出重要的作用。

图 5-6　在现代城市空间中，自然光与人工光均广泛运用到环境设施设计塑造

5.2　改良性环境设施造型设计

　　改良性环境设施造型设计是指在现有环境设施基础上的优化、充实和改进的再开发设计，其目的是使环境设施更加适合于所处城市市民及场所环境的需要，以及更多新的技术手段在环境设施造型设计中的运用。

　　由于社会的发展、技术的进步永无止境，所以从这个意义上讲，环境设施改良的可能性将是无限的，对于城市空间来说，改良性环境设施造型设计也是适应城市环境需求，增强环境设施适应城市空间发展的重要手段（图5-7）。

图 5-7　改良性环境设施造型设计是在城市现有环境设施基础上的优化、充实和改进的再开发设计
a）、b）改良性新一代垃圾筒设计造型　c）可升降阻车路障设施造型　d）改良后的人行天桥遮阳雨篷造型
e）智能破胎阻车设施造型　f）便于残障人士攀登楼梯的无障碍设施造型

1. 改良性环境设施造型设计的内容

　　（1）功能改良　环境设施的功能是指能满足消费者使用需求和心理需求的特

征，这也是环境设施的用途，有基本功能和辅助功能之分。前者是环境设施的基本价值所在，即必要功能；后者为环境设施的附加用途，如移动电话的基本功能是通信功能，但为了适应消费者的需求，今天的移动电话附加了摄影、录音、游戏、导航等辅助功能。随着城市市民生活方式的改变，其需求、价值与审美观念也在不断发展，它们都对单件环境设施的造型与设置提供了更多功能改良的要求。

（2）**外观改良**　环境设施外观包括形态、色彩、材料等方面的因素。一般来说环境设施在功能、技术、材料、结构等方面的改良往往会受到城市风貌、流行趋势、工艺成本等方面的制约，并打造设计能够与上述相关因素相协调，与城市空间环境的发展相适应、外观造型新颖的城市环境设施，无疑是一项具有挑战性的设计工作。

（3）**交互改良**　环境设施与城市市民的交互改良，是指对其进行人机因素调整、界面完善等方面的工作。可通过对城市空间调研、市民诉求反馈、场所环境分析等方法进行改良和完善。因此，环境设施与城市市民的交互改良设计，就是以城市市民为中心，在满足其操作习惯和使用心理为目的的基础上做更多的思考，使环境设施与城市市民的交互更为协调。

（4）**技术改良**　环境设施的技术改良包括对其技术的改进和更新，也包括在结构方面的合理优化改良，一般来说这些技术更新都是在原有技术和结构基础之上的调整，有时候技术改良中环境设施外观设计保持不变；有时候会针对优化后的结构进行外观调整，以达到环境设施与城市空间环境建设的最佳效果。

2. 改良性环境设施造型设计的程序

改良性环境设施造型设计是参考城市空间和市民对原有环境设施使用的反馈信息，根据城市空间和市民的新需求或者根据城市空间环境建设需要推出的具有改良性特点的环境设施。其造型也是遵循发现问题、分析问题和解决问题的设计程序，具体的程序可以归纳为通过对原有环境设施、城市市民、场所环境进行大量调查来发现环境设施存在的问题和不足，获得第一手直观的改良资料；进行分析和整理，并对一些最值得改良的方面进行归纳和深入分析，最后确定环境设施改良方向。

在设计定位明确的基础上展开环境设施概念方案构思，经过测试和评价确定设计方案，进行设计深化。其造型设计的程序如（图5-8）所示。

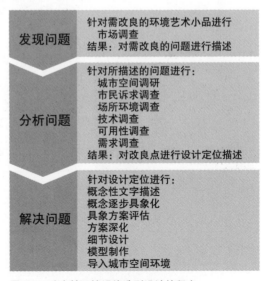

图 5-8　改良性环境设施造型设计的程序

3. 改良性环境设施造型设计的案例

既然是改良性环境设施造型，那么首先就应该从考察、分析与认识现有环境设施出发，对环境设施的"缺点"与"优点"进行客观、全面的分析判断。对环境设施过去、现在与将来的使用环境及使用条件进行区别分析。这里以美国密歇根大学安娜堡分校工程学院2016级硕士生辛宇完成，且获首届湖北省大学生信息技术创新大赛"本科与研究生组"工业设计一等奖的作品——《基于新型智能感应技术的垃圾桶设计》为例，对改良性环境设施造型设计予以阐述（图5-9）。

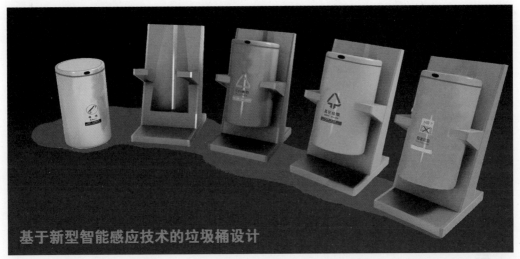

图 5-9　改良性环境设施造型——《基于新型智能感应技术的垃圾桶设计》，获首届湖北省大学生信息技术创新大赛"本科与研究生组"工业设计一等奖

在城市空间环境中，垃圾桶的设置是一个备受关注的问题。作为城市卫生类环境设施的垃圾桶，其体形虽小，但却是城市空间环境中不可缺少的环境设施，体现出城市空间环境对人的关心。今天，垃圾桶多用现代新材料、新工艺制造生产，各类垃圾桶不仅使用方便、造型美观、经久耐用，也提升了城市公共环境的文明程度。然而在高新技术快速发展的今天，将现代新型智能感应技术导入垃圾桶的设计，以为城市市民带来更多的便利，进而提高城市管理的水平，即为新型智能感应技术的垃圾桶设计从改良性环境设施造型方面尝试探索的问题。

（1）**项目开发背景**　在当今城市环境中，从垃圾处理就可看出一个城市的管理水平。而垃圾桶的设计，也不仅仅只是一个造型的问题，当前许多新型科学技术也与此相关，这些新型科学技术的导入，虽然会增加单个垃圾桶的造价，但从城市垃圾整体管理上看，最终将节约资金投入。据资料显示，英国莫顿市议会决定在城市环境中使用BigBelly太阳能垃圾桶，虽然售价不菲，但莫顿市通过分析，认为这款垃圾桶将在市政成本开支上取得节省资金投入的效益，决定在全市推广这款垃圾桶的使用。国内一些城市开发新区，目前也开始在一定区域试用具有一定科技含量的新型垃圾桶

（图5-10）。

图 5-10 英国莫顿市及国内一些城市开发新区在城市环境中使用的 BigBelly 太阳能或智能垃圾箱

这种新型垃圾桶在人的手或物体接近投物口约15cm时，垃圾桶自动开盖，等垃圾投入完毕，垃圾桶桶盖又自动关闭。虽然该产品已不需用手直接接触垃圾桶桶盖，但要真正使垃圾桶实现智能化，这还只能算是第一步。由于这种垃圾桶的功能还比较单一，并且直接开关盖这一功能机械耗损程度较高，所以还有许多需要改进的地方。基于新型智能感应技术的垃圾桶设计，针对现有智能垃圾桶用于城市新区试点应用中存在的问题，其改良路径主要体现在以下几个方面：

1）将新一代智能感应技术应导入垃圾桶的设计，拓展了现有智能垃圾桶的功能，提高了城市环境垃圾桶的智能化程度，且操作简单、卫生，功能具有实际应用价值，加之与造型设计结合，在科学与艺术层面实现了理性与感性的统一。

2）智能垃圾桶目前仅用于单体造型，本案在组合造型上进行探索，使新型智能感应垃圾桶实现了分类垃圾回收，从而能够最大限度地实现资源回收利用，减少垃圾处置量，改善环境质量，在感应技术与造型设计上具有创新性的提升，可使分类垃圾回收迈上一个新的台阶。

3）新型智能感应垃圾桶与城市环境中的推广应用有机结合，不仅在技术上具有一定的领先性，且在城市环境中的推广应用也具有明确的目标，对公共服务设施在城市环境的推广应用具有探索意义。

（2）新型智能感应技术在垃圾桶设计中导入 人们发现感应现象迄今已经超过两个世纪，但是它的真正发展始于20世纪初，俄国和美国的一些科学家开始在工业领域中应用感应原理。旋转电机发生器和高频电子管发生器是两种有用的技术，频率选择相当简单。这种情况持续到20世纪80年代初期。今天，随着固态电源的出现和智能感应技术的发展进步，感应技术的应用领域得到了更进一步的拓展。

1）新型智能感应垃圾桶的硬件结构及工作原理　新型智能感应垃圾桶所用器件包括电动机、相关器件与电路板等（图5-11）。新型智能感应垃圾桶硬件结构主要包括遥控器与无线接收器，其智能感应垃圾桶的内部结构和工作原理见图5-12所示。

电动机　　　相关器件　　　电路板

图 5-11　新型智能感应垃圾桶所用器件

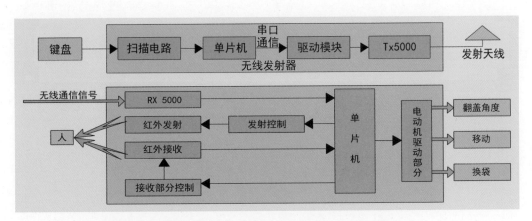

图 5-12　新型智能感应垃圾桶遥控器与无线接收器的内部结构和工作原理表

2）遥控器和智能感应垃圾桶的软件设计

无线通信方式：由于RFM公司的RX5000系列的通信模块都是单工通信的，所以系统的通信是单方向的，即由遥控器发送驱动数据给智能垃圾桶，为了实现遥控器上每个按钮都对应特定的功能，本方案将单片机外接一个键盘矩阵，其中前4行的键盘矩阵规定用于发送单组信号，第5行键盘矩阵用于发送连续信号，即键盘按下后将不断发送多组相同的信号，直至键盘松开后才停止发送。单一信号用于指定的功能，连续信号则用于翻盖控制中角度的调节，见表5-1。

表5-1　新型智能感应垃圾桶无线数据通信格式表

D1	D2～D9	D10～D11	D12
引导码	前导校验位	键盘键入码	结束码
55H	0xAA, 0xAA, 0xAA, 0xAA, 0xAA, 0xFF, 0xFF, 0x01,		55H

当键盘发生按键操作时，单片机输出一个控制周期的无线指令信号是一串12个字节的字码.其中第1个字节是指令信号的引导码，其值固定为55H，第2~9个字节为前导校验位，第10个和第11个字节为具体的数据信号，对应不同的按键数据信号也不同，第12个字节是指令信号的结束码，其值固定为55H，表5-2即为无线指令信号格式。D10和D11是键盘输入码，用两个字节表示。每个键盘令经过编码解码后，单片机根据不同的编码执行相应的操作。当数据指令是走动操作时，D10为00或01或02，当指令数据为开盖操作时D10为EE，当指令数据为封袋操作时D10为FF。

表5-2 新型智能感应垃圾桶无线通信键盘数据码表

动作	前进	后退	左45°	左90°	左135°	左180°	右45°	右90°	右135°	封袋	开盖80°	开盖20°
D10~D11	0x0100	0x0200	0x0001	0x0002	0x0003	0x0004	0x0005	0x0006	0x0007	0xFF01	0xEE01	0xEE02

遥控器的软件设计：遥控器软件设计的流程如图5-13所示，开机后，先进行初始化.出于省电的考虑，在30s内没有键按下时，就进入节电等待模式。因此，用/for0循环来计时，并设定计数初值为0。随后开始30s计时，若是在此期间有键按下，则进入中断程序，若30s内无键按下，则进入节电等待模式。重新进行30s计时。若在节电模式中有键盘被按下，执行中断程序，否则自动关机。进入中断程序后，判断出哪个按键被按下，并将数据编码后发送，若判断出按键没有松开，则继续发送。返回前，重新设定计时初值为0。

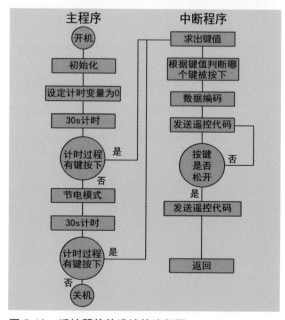

图 5-13 遥控器软件设计的流程图

3）垃圾桶端单片机的软件设计 MEGA8的程序流程如图5-14所示，智能垃圾桶的核心控制器MEGA8并行地进行红外探测和无线接收，当人靠近垃圾时，红外光波折射回接收管时，触发信号从红外模块传送到MEGA8上，MEGA8根据红外的触发信号来驱动电机打开垃圾桶的翻盖；同样地，当人离开垃圾桶时，触发信号传送到MEGA8上，MEGA8就驱动电机闭合垃圾桶的翻盖。垃圾桶实时地进行无线接收遥控器的通信数据，首先判断该数据是否符合通信数据的协议，然后提取出键盘数据，取出数据中载有键盘指令的两个字节数据，通过逐个字节数据的辨识完成特定功能的实现。

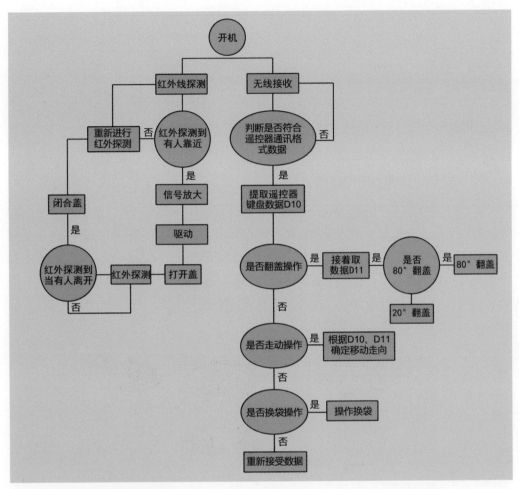

图 5-14　MEGA8 的程序流程图

（3）作为改良性环境设施的新型智能感应垃圾桶造型设计

1）设计定位　作为改良性环境设施的新型智能感应垃圾桶，在其造型设计概念和定位方面，我们主要针对目前国内一些城市开发新区试用新型垃圾桶存在的不足，结合智能化技术，提出了如下这款在已试用新型感应垃圾桶基础上更优化的实用型智能垃圾桶的方案，这种垃圾桶能够调节开盖的角度，控制垃圾桶走近消费者、遥控封袋，从功能方面更侧重于在生活细节上为用户带来便利、环保、健康。并且，这款实用型智能感应垃圾桶造型上努力做到科技与艺术的有机结合，使之用于城市环境，能使我们的城市环境更加美好。

2）功能组合　新型智能感应垃圾桶的系统运用了两种相互独立的通信方式：无线通信和红外，遥控器端的发射器和垃圾桶端的接收器经过对电磁波的调制解调过程完成信息的传输，实现对机械设备的控制。当人体接近垃圾桶时，红外发射、接收器通过对红外光波的调制解调过程，完成信息的传输，以达到控制的目的。比目前试用的新型垃圾桶在遥控控制方面实现了进一步的优化，可控制垃圾桶的移动、自动开盖与垃圾装满时的自动封袋等智能化动作的实现，如图5-15所示。

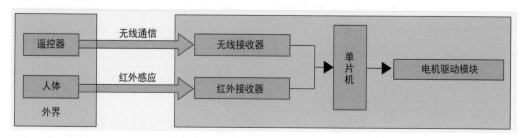

图 5-15　新型智能垃圾桶的系统结构表

　　新型智能感应垃圾桶作为城市环境中重要的公共服务设施之一，也是构成城市整体环境不可缺少的要素，并且还是人们在城市环境公共活动中身心健康与环境卫生的必要保障。随着人们环保意识的提升，以及对生活便利化的需求，许多新型科学技术逐渐进入人们的城市生活。其中新型智能感应科技在城市垃圾桶设计中的导入，不仅提高了垃圾桶设计的科技含量，也为城市垃圾桶的造型设计，在形态、色彩、材质与制作工艺上带来新的变化（图5-16）。

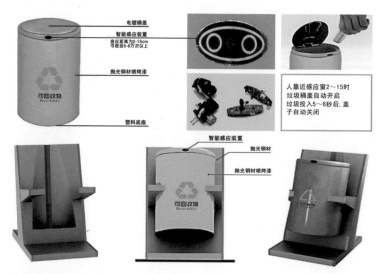

图 5-16　新型智能感应技术与垃圾桶造型的结合

　　3）具体设计　作为改良性环境设施的新型智能感应垃圾桶的具体设计主要从以下几个层面来展开：

　　草图构思：新型智能感应垃圾桶在造型设计草图构思时，其形态提取从已有垃圾桶桶体+支架构成的造型入手，将新型智能感应引入垃圾桶桶体进行改良性设计，并通过桶体支架形成"拥抱城市"的主题概念。整个垃圾桶为桶体+支架的组合体，既方便垃圾桶桶体盛满后垃圾车辆的收集清理，又便于垃圾桶桶体损坏后的更换维护（图5-17）。

图 5-17　新型智能感应技术垃圾桶设计的多方案草图构思

　　方案选择：新型智能感应垃圾桶的造型设计草图构思采用脑力激荡法进行设计造型，且在多个垃圾桶设计造型草图构思基础上，对新型智能感应垃圾桶的造型设计草图从功能、造型、材料等多方面进行比较，直至确定深化设计方案（图5-18）。

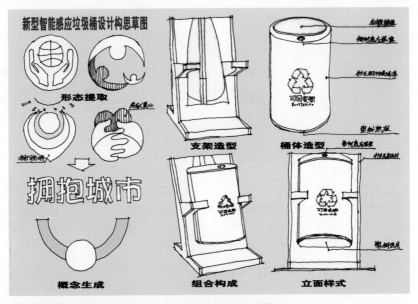

图 5-18　新型智能感应技术垃圾桶设计造型确定的方案构思草图

　　造型设计：由于城市垃圾收集的要求分类化，为此本案提出技术改进的城市新型智能感应垃圾桶的造型设计即应分为单体式与组合式两种形式，以满足城市垃圾收集的需要（图5-19）。

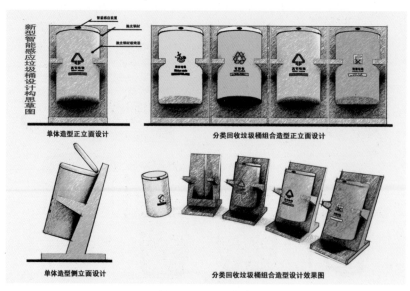

图 5-19　新型智能感应技术垃圾桶设计造型的正式方案构思草图

　　单体造型——新型智能感应垃圾桶单体造型由盛垃圾的圆柱桶体与支架构成，支架似"拥抱"造型形式，以提示在其城市各种场所空间活动的市民应注重对城市的关爱，并传递出创建文明清洁城市应从我做起的设计理念。其垃圾桶的形态由圆柱桶体上部的智能感应装置与下部盛垃圾的桶体容器组成，并以支架与地面脱离，使地面在雨天积水时，避免垃圾桶体接触到积水而使垃圾变质产生异味。同时还便于垃圾桶体的清洗维护，使之在城市环境中显得整洁靓丽（图5-20）。

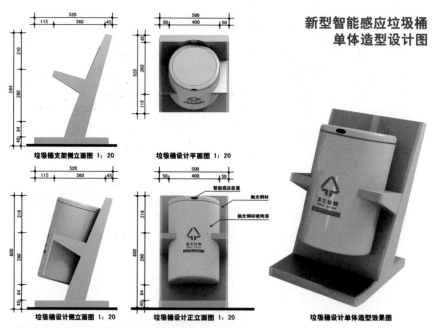

图 5-20　新型智能感应技术垃圾桶单体造型设计方案图纸

组合造型——新型智能感应垃圾桶的组合，其造型主要为横向排列组合，以满足城市环境垃圾分类回收的需要。此外，还可通过分类标识来区分回收垃圾桶，而智能感应系统通过垃圾桶的组合横向排列形成分类回收的目的，目前据查国内尚未见到，本案无疑为率先提出。如今垃圾分类回收已日益受到政府和民众的重视，新型智能感应分类型垃圾桶的设计，显然就是人类保护家园的实际行动（图5-21）。

细节处理：新型智能感应垃圾桶细节的处理除引入新型智能感应技术进行改良性设计外，造型上主要从色彩、材料等层面进行改良。

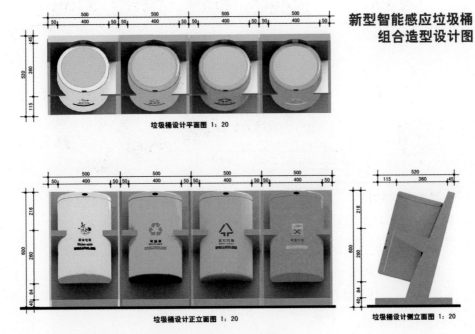

图 5-21　新型智能感应技术垃圾桶组合造型设计方案图纸

从新型智能感应垃圾桶的色彩来看，垃圾桶主体色彩为湖蓝色偏浅灰，是静谧而靓丽的颜色，并能给人们以无限遐想。同时，作为城市环境中的公共服务设施，湖蓝色偏浅灰的主体色彩既具有引人注目的视觉效果，又能与城市环境相协调。另为便于横向排列组合垃圾桶的分类回收识别，着重通过垃圾桶的分类标准色彩来区分不同回收垃圾的类型，以实现分类回收利用的目标。

在新型智能感应垃圾桶的材质方面，坚持绿色、环保的选材原则。垃圾桶圆柱桶体与支架均由抛光钢材铸成，表面为烤漆，使垃圾桶的使用具有耐久性。另从新型智能感应垃圾桶的感应效果来看，人靠近垃圾桶时，桶盖可感应自动打开，扔完垃圾离开后，桶盖会自动关闭，感应范围在"感应窗"上方5~8cm内。并且环卫工人清理垃圾桶内垃圾时，可使用遥控器进行自动封袋，从而方便桶内垃圾的清理，减轻环卫工人的劳动强度。同时，由于应用了智能感应技术，也使桶盖的自动关闭更为节能。

设计表达：新型智能感应垃圾桶设计造型表达，包括造型设计图纸、效果图纸，

以及其造型设计说明、建造与维护成本预算、生产批准许可及安全环保等内容（图
5-22）。

单体造型正立面设计　　　　分类回收垃圾桶组合造型正立面设计

单体造型侧立面设计　　　　分类回收垃圾桶组合造型设计效果图

图 5-22　新型智能感应技术垃圾桶组合造型设计效果表达

（4）新型智能感应垃圾桶在城市环境中的推广应用　就新型智能感应垃圾桶的
推广应用而言，结合城市环境不同的场所空间，其单体式智能感应垃圾桶主要用于垃
圾量相对不大的城市环境场所，以及建筑内部空间，如办公、商店及住宅等环境的垃
圾收集，组合式智能感应垃圾桶主要用于垃圾量较大，且分类收集垃圾的城市环境场
所，如城市道路、广场、节点、建筑组群、绿地与公园等场所空间（图5-23）。

图 5-23　新型智能感应技术垃圾桶在城市环境中的推广应用

5.3　创造性环境设施造型设计

创造性设计是指尚未想到的设计，其设计造型不但标新立异，而且在技术与艺术水平上至少比现有的设计超前一步，即在功能、形态、规格、结构等方面显示出新的特点和实质性的进步。由此可见，创造性设计是一种以

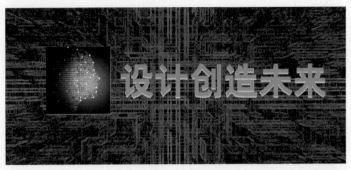

图 5-24　创造性的环境设施设计，是城市空间创造能力的最高体现

开发新设计成果或技术系统和改进现有设计成果或技术系统为目的设计活动。就城市空间来说，创造性的环境设施开发是所有设计师都将面对的重要课题，也是其创造能力的最高体现（图5-24）。因此，设计师一定要树立创新意识，时刻抱着发现问题和吸收知识的强烈欲望，"能用来做什么？""还能做什么？"对事物进行不停的思索，保持创造冲动，直至为城市空间提供一种能够满足城市市民潜在需求的环境设施。

1. 创造性环境设施造型设计的模式

环境设施的创造性开发一般有技术推动型、市场拉动型和风险研究型三种模式。在城市空间中，上述三种模式相互交叉，共同为城市空间的塑造创作具有个性的设计作品（图5-25）。

图 5-25　创造性环境设施造型设计的模式
a）不差钱的沙特建造有空调设施的公交车候车亭　b）市场需要拉动的自动售货机逐渐在城市普及
c）城市空间中所设电动汽车充电设施，无疑是具有一定风险投资的建设项目

（1）技术推动型　是指设计师或机构拥有一项新技术，由此寻找应用该技术的合适市场。由于材料和工艺的创新研发成果对加强环境设施使用特性和功能创新的可

能性最大，因此，在设计领域许多成功的技术推动型环境设施都与材料和工艺技术的创新有关。一般此类项目的开发具有一定的冒险性，因此在环境设施开发过程中，可以通过考虑此新技术并非唯一技术支持的方法进行开发构思，得出多种方案的概念，最后证明采用此项新技术的概念优于其他备选概念，这样可以降低环境设施开发的风险。

（2）**市场拉动型**　是指随着城市市民日常生活方式、生活理念、价值观念和审美观念的转变，反映在城市空间发展的需求变化信息直接反馈给相关机构，从而展开针对这一需求信息的环境设施创新设计开发任务。市场拉动型环境设施开发往往有比较充分的市民需求资料，也就是环境设施开发依据信息，只要开发团队做好充分的设计前期调查，明确市场需求，就能获得成功的环境设施开发成果。

（3）**风险研究型**　是指设计师或机构洞察城市空间环境，为解决某些城市问题在前沿设计领域进行不以盈利为目的的研究性项目开发，这样的项目有些是可实施生产的，有些还只是一种设计研究，在当前的技术水平下是不能实施生产的。目前像欧、美、日等设计发达国家的设计师、设计机构、设计院校都已经投入了很多力量从事这方面的设计研究。

2. 创造性环境设施造型设计的程序

创造性环境设施造型设计的最主要特点是在技术、形态、结构等方面具有前所未有的一面，所以在发现问题、分析问题和解决问题的具体实施中有着和改良设计不同的细节处理方法。其造型设计的程序如图5-26所示：

3. 创造性环境设施造型设计的案例

汽车是现代社会的重要交通工具，它在为人们提供了便捷、舒适的出行服务的同时，其使用过程中产生

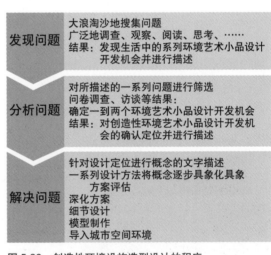

图 5-26　创造性环境设施造型设计的程序

大量的有害废气和对不可再生石油资源的依赖，在中国一跃成为全球新车产销量第一大国的今天，已成为国家在环境和能源方面迫切需要解决的问题。而电动车以电代油实现了使用过程中的"零排放"和低噪声，在有效减少车辆环境污染的同时缓解了交通对石油资源的过度消耗，是解决当前交通能源和环境问题的一项重要手段。

由此可见，电动车作为一种发展前景广阔的绿色交通工具，即成为解决环境和能源问题的重要方式，而电动车充电站是为其运行提供能量补充的重要基础配套设施，

也成为电动车发展所必需的新型公共服务设施，具有创新的特点。这里以华中科技大学2017级艺术硕士研究生金典同学完成《城市高新技术开发新区电动车公共充电站造型设计》为例，对创造性环境设施造型设计予以阐述（图5-27）。

图 5-27　创造性环境设施造型：城市高新技术开发新区电动车公共充电站造型设计

（1）建设背景　地球是人类栖居的家园，诗意地栖居在地球上理应是人类追求的梦想。然而进入20世纪以来，随着环境和能源等方面的形势日益严峻，以及能源供需、温室气体排放、经济增长三者之间的互相影响和制约，能源与环境已成为当前全球最为关注的问题。中国作为一个经济快速发展的国家，能源需求不断增加，并且在能源的消费中煤和石油的消耗占了绝大部分。为此，推广应用高效、清洁的新能源，减少经济发展对石油资源的依赖，对于调整国家的能源消费结构，改善环境污染对人类栖居家园的破坏，实现能源和环境的可持续发展意义深远，应用前景广泛。

从目前世界范围内电动车及新能源车的整个发展形势来看，日本是电动汽车技术发展速度最快的国家之一，特别是在混合动力汽车的产品发展方面，日本居世界领先地位。目前，世界上能够批量产销混合动力汽车的企业，只有日本的丰田和本田两家汽车公司。1997年12月，丰田汽车公司首先在日本市场上推出了世界上第一款批量生产的混合动力轿车PRIUS。该轿车于2000年7月开始出口北美，同年9月开始出口欧洲，现在已经在全世界20多个国家上市销售。目前推出的产品已经是多次改进后的第二代产品，其生产工艺更为成熟。美国在电动车产业化方面于2003年7月即以设在美国加州的硅谷地带由马丁·艾伯哈德工程师创办的特斯拉公司（Tesla Inc.）为基础，至今已发展成为美国最大的电动车产销公司。2014年秋特斯拉进入中国，并在北京、上海等地建成售后服务中心，随着Model 3的推出，特斯拉在全球预订量已达40万辆，市场前景十分良好（图5-28）。

图 5-28　日本的电动巴士与美国特斯拉电动车的充电设施

基于国家环境保护和石油安全战略的考量，中国在21世纪伊始即将电动车及相关新能源车提到建设日程，我国从此步入了电动车"科技引导"初期发展阶段（"十五"时期和"十一五"前期）。2004年9月，一汽集团与日本丰田汽车公司在北京举行了混合动力汽车合作项目签字仪式，宣布双方在2005年内共同生产丰田PRIUS混合动力轿车，PRIUS混合动力轿车将在同年进入中国市场。这个阶段以电动车关键技术研发为主要特征，着重开展电动车关键技术原始创新和系统集成创新、测试环境建设、专业技术人才培养、技术标准体系搭建、开放协同创新环境建设、科技成果转化等活动，从而完成了我国电动汽车关键技术的原始创新和系统集成创新。

"十一五"后期至"十二五"时期，我国电动车更是步入快速发展的战略机遇期，这个阶段在认真总结前期研究成果基础上，聚焦电动车动力系统技术平台和关键零部件研发，加强规模产业化技术攻关。促使电动车及新能源车在国内实现了长足发展。只是电动车及新能源车的推广在国内还受到一定的制约，其中充电站网络建设滞后即为一大瓶颈。国内在充电设施建设方面的参与者主要包括国家电网公司、南方电网公司、普天海油、中石化、比亚迪等企业。近年来已在国内建设有一定数量的充电站与充电桩。诸如国家电网公司为满足电动车迅猛发展的需求，把充电设施建设作为推动电动汽车大发展的重要前提，"十二五"期间在京津冀鲁和长三角地区主要城市间已建成高速公路快充网络，覆盖高速公路1.1万km，"十三五"期间计划覆盖高速公路3.6万km，以在充电服务设施配套方面为电动车"行天下"提供便利（图5-29）。

图 5-29 国家电网公司设置的电动车标准大型公共充电站与相关公司建设的新能源车充电站点设施

（2）现存问题

1）国内电动车及新能源车业的发展目前尚处于发展推广阶段，车辆保有量有待提高。

2）充电站网点建设滞后，与路网现状及规划结合不足，有待加快网点设置速度，以形成健全的服务网络。

3）城市公共区域充电需排长队，时间成本高。

4）城市住区环境建桩有难度，需住区物业与厂家合作协调建桩。

5）目前电动车及新能源车行业发展还不成熟，电动车和充电站相关标准和政策有待建立。

（3）电动车充电设施及其能量补给类型

电动车充电设施及其网络系统的建设无疑是其得以发展的重要条件，也是实现其商业化、产业化过程中的重要环节。其发展潜力巨大，建设空间广阔，主要满足运营中的公共交通电动车与规模庞大的私家电动车的充电需要。从电动车充电设施及其网络系统而言，在广义上即泛指将公共电网或发电装置的电能转变为蓄电池的电化学能的各种模态的变流装置的总称。其中电动车的充电站、车载充电机、地面充电机，电机驱动系统中的能量回收装置等都可纳入电动车充电设施及其网络系统的范畴。对于充电路径的选择，主要包括常规充电、快速充电和电池更换系统三种模式。

而电动车在行驶过程中需要消耗电能，当车载电池的电能降低到一定程度时就需要进行电能的补充。依据电动车能量补给方式的不同，充电设施可分为充电站、换电站、交流充电桩三类。

1）充电站　是指采用常规与快速充电模式为电动车提供能量补给的站点。充电站内通常配备多台直流充电机和交流充电桩。根据使用场地的不同，充电站有平面充电站和立体充电站之分。前者多建于土地资源相对宽裕的地点，后者多建在人口密集的居民区、商业区或立体停车库，具有占地面积小、空间利用率高的特点。

2）换电站　是指采用为电池更换模式为电动车提供能量补给的站点。换电站可满足电动车电池快速更换的需求，主要由电池更换系统（叉车或者电池更换机器人）、电池室、电池充电架、相配套的配电系统、监控系统等组成。换电站内设备按照其不同功能又可细分为换电站、电池充电中心和电池配送站三类。

3）交流充电桩　是指为电动车提供交流电能补给的桩形设施，主要由桩体、充电插座、保护控制装置、计量装置、读卡装置、人机交互界面等部件组成。交流充电桩一般系统简单，占地面积小，安装方便，可安装在电动车充电站、各种停车场地等室内或室外场所。根据布置形式的不同，交流充电桩可分为落地式和壁挂式两种形式。

充电站、换电站及充电桩各自优缺点及应用情况见表5-3。

表5-3　充电站、换电站及充电桩各自优缺点及应用状况比较一览表

能量补给类型	充电站	换电站	充电桩
优点	充电时间比换电站时间长但比充电桩时间短	电池更换方式耗时短，可在一定程度上降低电动汽车成本高带来的电动汽车市场推广障碍	①建设方便，成本低 ②充电灵活方便，规模化以后可随时随地充电 ③可充分利用电力低谷时段进行充电，降低充电成本
缺点	①充电效率低 ②充电电流大，易对电网带来谐波影响 ③大电流频繁充电会降低充电电池的使用寿命	①建设成本高 ②对整车布置、安全设计、责任界定等带来很多挑战	充电时间长，无法满足车辆应急需求
应用状况	主要应用于城市电动出租车或电动公交车的充电	主要应用于电动公交车、环卫车等大型电动车辆的换电	主要应用于城市公共区域、住区环境等停车场地

此外，还有充换电一体式的充换电站类型，其本质即是充电站和换电站两种形式的有机结合。

（4）城市电动车公共充电站的规划原则与设计要点

城市电动车公共充电站是电动车设施能源补给的主要类型，依据电动车运行特点可分为电动公交车、出租车、邮政车、环卫车、乘用车、公务用车等形式，其公共充电站即需要从规划原则、入网标准与设计要点等层面满足不同类型公共电动车对能源补给的要求。

1）从充电站规划原则看 充电站选址主要选择人流密集，有较长时间停车需求，具备较多的公共停车位，需在公共区域内均匀分布，选取有代表性，示范效果强的地方。按照充电站建设的规模不同，可分为三种类型：

其一为站点在规模上设置2台功率为37.5kW一体化整车直流充电桩的形式。

其二为站点在规模上设置5台功率为37.5kW一体化整车直流充电桩和5台功率为14kW一桩双充型交流整车充电桩的形式。

其三为站点在规模上设置10台功率为37.5kW一体化整车直流充电桩和10台功率为14kW一桩双充型交流整车充电桩的形式。

2）从充电站入网标准看 电动车充电设施接入电网需根据其电力需求容量来确定，一般原则为：10kW及以下，采用单相220V供电；10~50kW（含50kW），采用0.4kV公用线路供电；50~100kW（含100kW），采用0.4kV专用线路供电；100kW以上，采用10kV供电；用电设施总容量超过100kW的站点需单独设置变压器。

3）从充电站设计要点看

电动车充电站的设置应满足城市总体规划和路网规划要求，其充电站的选址定点应结合地区建设规划和路网规划，以网点总体布局规划为宏观控制依据，经过对布局网点及其周围地区规划选址方案的比较，确定网点设置用地。

电动车充电站的设置应充分考虑本区域的输配电网现状，其充电站运营时需要高功率的电力供应支撑，在进行充电站布局规划时，应与电力供应部门协调，将电动车实际使用过程中出现的充电标准不统一问题予以解决。

电动车充电站的规划应纳入城市电网规划之中，并充分考虑电动车未来发展趋势与需要。

电动车充电站场地内充电车位一般按车位长5.5m、宽2.5m设计，并可结合现有停车场车位进行布置。通常单台14kW一桩双充型交流整车充电桩包含检修面积总占地面积为0.84m²，37.5kW一体化整车直流充电桩包含检修面积总占地面积为1.44m²。

电动车充电站场地内充电桩应布置在近电源点位置，并需考虑防撞措施。

电动车充电站场地内充电车辆停放区域应相对封闭隔离，充电车辆停放区域与其他车辆停放区域之间应设置消防安全防护带。

充电桩宜布置在停车场工作人员视线范围内，并安装视频监控，以保证事故发生时能及时处理。

（5）作为创造性环境设施的城市电动车公共充电站造型设计

1）设计依据　作为创造性环境设施的城市电动车公共充电站，其设计依据主要应对"需求"和"可能性"两个因素予以考虑。另外电动车充电站的分布还需参考住建部《城市道路交通规划设计规范》（2014）中加油站服务半径的相关规定，结合电动车自身的运行特点以及各区域的计算服务半径按实际需要进行设置。

2）建设规模　本案所选城市电动车公共充电站，其建设规模以10台37.5kW的快充设备和10台14kw的慢充设备来进行规划布局，建站位置在城市高新技术开发区配电电站边，充电站设有专用变压器提供电源，充电站负荷约为515kW，变压器可选用630kVA箱式变电站。充电站场地内布置有40个充电停车位，其中设置37.5kW一体化整车直流充电桩10台，14kW一桩双充型交流整车充电桩10台，用地面积为2427m^2。

3）功能结构　城市电动车公共充电站的功能结构，主要由充电设备（主要为整车直流充电机）、配网自动化设备、计量及计费装置、视频及环境装置组成。其中整车直流充电机主要由功率单元、控制单元、充电插座、计量单元、读卡装置及人机交互界面等组成。一个完整的充电站包括供电系统、充电系统、监控系统及相应的配套设施，其结构如图5-30所示。

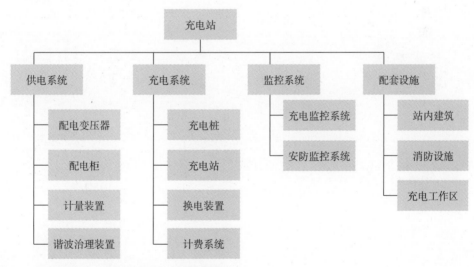

图5-30　城市电动车公共充电站的功能结构图

4）具体设计　作为创造性环境设施，城市电动车公共充电站造型的具体设计主要从以下几个层面来展开：

草图构思：城市电动车公共充电站的造型设计草图构思，其形态来源于宇宙航天器+光电线路板+智能魔方块的组合体，并提出极具"未来时尚感及前沿性"的主题概念，既方便城市电动车在公共充、换电站进行新能源车的充、换电等清洁能源的补充，又便于城市电动车公共充电站维护与保养来进行草图构思（图5-31）。

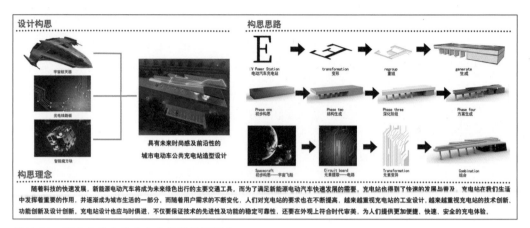

图 5-31　城市电动车公共充电站的构思理念

　　方案选择：城市电动车公共充电站的造型设计草图构思运用脑力激荡法进行设计造型，且在多个电动车公共充电站设计造型草图构思基础上，对城市电动车公共充电站的造型设计草图从功能、造型、材料等多方面进行比较，直至确定深化设计方案（图5-32）。

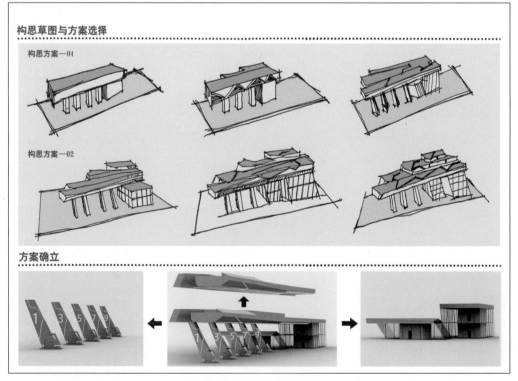

图 5-32　城市电动车公共充电站的构思草图、方案选择与确立

　　造型设计：确立适应城市高新技术开发区环境品质的电动车充电站设计造型，并进行深化设计（图5-33）。

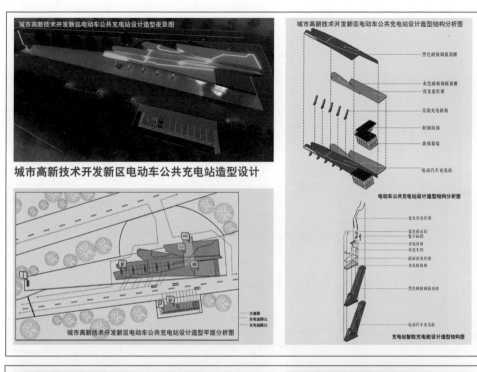

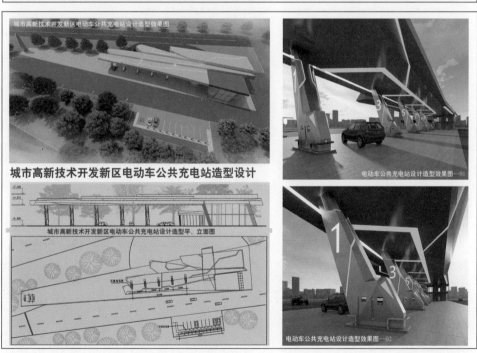

图 5-33　城市电动车公共充电站的具体造型设计

　　细节处理：对电动车充电桩进行造型细节设计，如让充电桩顶部的绿色标识发光，使车主在夜间能顺利找到充电桩空位；充电的操作界面设计与普通加油站一样可使用IC卡进行消费，显示屏上显示的将是电池充了多少电量，以百分比的图形显示。旁边的红色按钮连接充电枪，按下它就可开始充电。此外，考虑加油枪连接油管多裸露在外的缺点，充电桩则采用滚筒缠绕收缩式进行设计，并可根据实际使用情况进行拉伸（图5-34）。

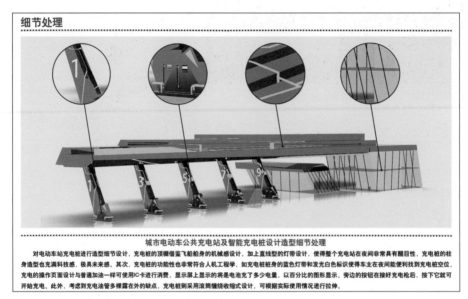

细节处理

城市电动车公共充电站及智能充电桩设计造型细节处理

对电动车站充电桩进行造型细节设计，充电桩的顶棚借鉴飞船船身的机械感设计，加上直线型的灯带设计，使得整个充电站在夜间非常具有醒目性，充电桩的柱身造型也充满科技感，极具未来感。其次，充电桩的功能性也非常符合人机工程学，如充电桩桩身的蓝色灯带和发光白色标识使得车主在夜间能便利找到充电桩空位，充电的操作页面设计与普通加油一样可使用IC卡进行消费，显示屏上显示的将是电池充了多少电量，以百分比的图形显示，旁边的按钮在接好充电枪后，按下它就可开始充电。此外，考虑到充电油管多裸露在外的缺点，充电桩则采用滚筒缠绕收缩式设计，可根据实际使用情况进行拉伸。

图 5-34　城市电动车公共充电站的造型设计的细节处理

设计表达：城市电动车公共充电站设计造型表达，内容包括设计、效果图纸或设计草模，以及其造型设计说明、建造与维护成本预算、生产批准许可及安全环保等（图5-35）。

图 5-35　城市电动车公共充电站的造型设计的效果表现

（6）城市电动车公共充电站在城市环境中的推广应用

城市电动车公共充电站在城市环境中的推广应用，应结合城市环境不同的场所空间，诸如城市行政商务楼宇、居住社区、道路广场、地铁换乘站等的停车场地，以及电动车销售4S店、售电营业网点、加油站等公共场所进行建设，并逐步形成健全的城市电动车公共充电站服务网络，提高充电设施建设的覆盖面（图5-36）。

图 5-36　电动车公共充电站在城市环境中的推广应用

进行城市环境设施建设在今天，已经成为许多国家城市空间开发项目中的重要设计目标，并且也被认为是当代设计师应该承担的社会责任。电动车充电站作为具有创造性的城市环境设施开发项目，其设计应遵循的原则不仅包含了绿色设计理念，也包含了城市环境艺术语言的合理运用，以及当代城市人群的工作与生活需求。

而作为创造性城市环境设施的开发是一项系统的工程，要求设计师勇于突破旧的思维方式，勤于思考，而且要善于抓住瞬间的灵感，并具有良好的专业素质、科学灵活的思维方式，掌握前人总结出来行之有效的创造技巧。

第6章 城市环境设施设计案例剖析

出自《诗经·小雅·鹤鸣》中的成语"他山之石，可以攻玉"，无疑对于我们进行城市环境设施设计课题研究拓展探索的视野具有启迪。这里所选四个设计案例，就是从数个具有代表性的设计案例中精选出来的，以展现其所在城市空间中环境设施设计的个性特点。

6.1 时尚浪漫——意大利米兰的城市环境设施

米兰，因建筑、时装、艺术、绘画、歌剧、经济、足球闻名于世，是世界最为著名的国际大都市之一，也是世界时尚与设计之都和引领时尚界最有影响力的城市之一（图6-1）。米兰大都会区人口有755万，建成区面积约2700km²。在进入本世纪第二个十年伊始，应米兰理工大学之邀，我院设计艺术学研究生团队赴意大利进行学术交流，并利用参加米兰设计周的机会对意大利米兰城市所设环境设施进行实地调研、考察。

图6-1 因建筑、时装、艺术、绘画、歌剧、经济、足球闻名于世的意大利米兰，是世界最著名的国际大都市之一

1. 引领时尚的城市

米兰位于意大利北部，为欧洲的大都市，也是欧洲商业乃至世界流行文化的中心。米兰始建于公元前四世纪，公元395年为西罗马帝国都城。虽经两次战火，但十四世纪的建筑精华还是保存至今，并得以充分展现，且在复古主义的凄美婉约中呈现出对未来的憧憬与希望（图6-2）。在如今的米兰，城市中拥有世界半数以上的著名时装品牌，世界所有著名时装在此设立机构，著名的米兰时装周是世界时尚的风向

标，米兰不仅是世界时尚之都，在2009年还荣获"全球最时尚城市"的美誉。同样，米兰也是世界历史文化名城，许多建筑与艺术大师都在这里留下了杰出的设计，其中最负盛名的有米兰大教堂、斯卡拉大剧院、埃曼纽尔二世走廊、斯福尔扎城堡……以及达芬奇在1494至1497年创作的《最后的晚餐》等。整个米兰的城市，则是以14世纪修建的意大利建筑瑰宝的米兰大教堂为城市中心，这里散布着各个时代、各种风格的古老建筑印记，洋溢在整个城市中的文艺复兴气息在高耸的哥特式、拜占庭，富华的巴洛克或洛可可式的教堂、长廊、城堡中表现得淋漓尽致（图6-3）。

图6-2　意大利米兰城区图及从著名的米兰大教堂建筑屋顶鸟瞰米兰市区

图6-3　米兰大教堂、斯卡拉大剧院、埃曼纽尔二世走廊、斯福尔扎城堡建筑及环境空间实景

　　我们行走于整个城市之中，对米兰留下了深刻的印象。尤其是在米兰设计博物馆参加第11届"米兰设计周"三年展开幕式及去新米兰国际展览中心参观盛况空前、主题为《花样年华五十岁（50 years young）》的第50届意大利米兰国际家具展，以及

汇聚于此的各类家具与室内装饰概念设计展、欧洲著名设计艺术院校的学生作品展及市内知名设计公司内容繁多的设计成果展，正在米兰大教堂前广场上举办的新媒体艺术展等，从整个城市品味到无处不在的设计与时尚气息（图6-4），使来自世界各地的设计师无不感受到，"米兰"显然已经成为"时尚"的代名词。

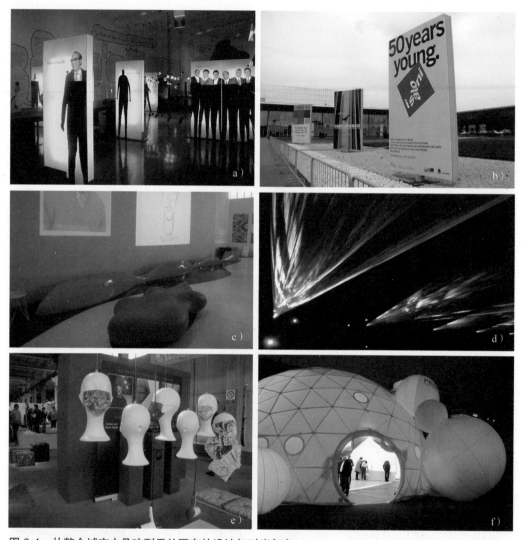

图6-4　从整个城市中品味到无处不在的设计与时尚气息
a）第11届"米兰设计周"三年展
b）主题为《花样年华五十岁（50 years young）》的第50届意大利米兰国际家具展
c）各类家具概念设计展　d）室内灯具与装饰展
e）欧洲著名设计艺术院校的学生作品展　f）在米兰大教堂前广场上举办的新媒体艺术展

2. 米兰的城市环境设施

登上米兰大教堂屋顶，即可鸟瞰整个米兰的城市风貌，一座传统与时尚交融的城市。而我们对米兰的城市环境设施的考查，则按城市中道路、广场、节点与建筑群组、公园与休闲场地的序列来展开：

（1）**道路**　漫步米兰城市中道路，只见春天的景象鸟语花香、植物郁郁葱葱，古老的城堡与现代化的建筑、街道与小巷融合并存，惺惺相惜，高贵而端庄的气质跃然于眼前，如米兰的蒙特拿破仑大街（图6-5）。这条街道最早可追溯到由马克西米安皇帝建立的罗马城墙，1783年一家称为蒙特圣特里萨的金融机构在此处理公共债务，即将这条街命名为蒙特街。到19世纪初期，这条街几乎进行完全重建，形成如今可见的新古典风格。然而二战以后，蒙特拿破仑大街一跃成为国际时尚引领街区之一，相当于巴黎近郊的圣诺奥雷街、罗马孔多蒂大道、伦敦的邦德街或牛津街和佛罗伦萨的托纳波尼路。这条街上的城市环境设施，既有传统的售货商亭、比萨饼店、店招、时钟以及街道井盖，又有时尚的广告招贴、电话亭与指示牌（图6-6）。

图 6-5　米兰蒙特拿破仑大街实景

图 6-6　米兰蒙特拿破仑大街及附近街道环境设施实景

图6-6　米兰蒙特拿破仑大街及附近街道环境设施实景（续）

（2）广场　建于1862年的米兰大广场，是举行政治、宗教等大型活动的地方（图6-7）。广场正中央是意大利王国第一个国王维多利奥·埃玛努埃尔二世的骑马铜像，广场东侧为始建于1386年、历时五个世纪建成的哥特式风格的米兰大教堂。侧面黄色建筑是1778年建成，由新古典主义建筑风格的王宫辟为的当代艺术博物馆。北侧为建于1865年的维多利奥·埃玛努埃尔二世长廊，现为是米兰的商业中心之一。广场中游人如织，无数的鸽子在悠闲踱步，任人喂食与观赏。广场上的城市环境设施，从配景类看，既有广场正中维多利奥·埃玛努埃尔二世骑马铜像，又有南侧当代艺术博物馆门前的现代雕塑作品。从信息类看，既有镶嵌在传统建筑上的店招与广告，也有悬挂在广场传统照明灯柱上的招牌与旗帜，以及独立竖立的路牌与导向标牌，现代风格的电话亭。从交通类看，主要为时尚设计的公交站牌、交通护栏、禁行与自行车停放设施。从服务与卫生类看，售货商亭与垃圾桶均为现代设计，但色彩处理均为深色，以与环境协调（图6-8）。

图6-7　地处米兰市中心的米兰大广场实景

图6-8　米兰大广场及周边空间环境设施实景

图 6-8　米兰大广场及周边空间环境设施实景（续）

（3）节点　在城市节点中，我们以地铁车站为例，作为城市节点的地铁车站，米兰地铁车站从出入口到售票厅，以及候车站台，所透出的交通空间的现代与时尚设计展露无遗。从多摩地铁车站空间环境设施设置来看，不管是信息类的站名、导向设施与线路指示，还是上下坡道与自动扶梯两侧的各种广告，售票窗口、自动售票与检录设施，候车坐凳、售货机与垃圾筒等，完全为时尚、简约的现代设计风格。地铁列车多为现代，甚至前卫设计，当然也有老爷车型，用于旅游线路（图6-9）。

图 6-9　地处米兰市中心的多摩地铁车站空间及环境设施设置实景

图 6-9　地处米兰市中心的多摩地铁车站空间及环境设施设置实景（续）

　　（4）建筑组群　建筑组群以新米兰国际展览中心为例。新米兰国际展览中心位于米兰市西北部，是世界上最大的展览中心，也是世界上设备最先进的展览场地，米兰展览中心占地总面积近430万m²，展览面积近140万m²，一系列世界级展会均在此举行。展览中心造型独特，外部结构以铝合金和玻璃为主要材料，由著名设计大师福克萨斯（FUKSAS）设计（图6-10）。新米兰国际展览中心巨型建筑组群内外环境设施的设置，从整体上看，呈现出的是时尚、简约、现代与前卫的设计风貌。这种设计风貌人们可从展览中心入口、中心长廊、展馆内外、展区道路、开敞空间等大的方面感知，也可从售票、服务、餐饮空间甚至小到卫生间的小品配置，均可领略到各类环境设施的设计魅力（图6-11）。

图 6-10　由著名设计大师福克萨斯（FUKSAS）设计的新米兰国际展览中心建筑实景

图 6-11　新米兰国际展览中心建筑组群内外空间及环境设施设置实景

（5）公园与住区活动场地　米兰森皮奥内公园（Parco Sempione）位于著名的斯福尔扎古堡后面，是1888年开始动议拆除附近密集的建筑，作为散步、赛马和革命时期庆祝活动的公共空间，公园自完成后，突显了其作为米兰人休闲中心的作用，以及与艺术的密切关系，举办过许多展览，包括1906年国际博览会。现公园内在古堡与和平门之间开辟为风景如画的英式园林，安排了山丘和谷地，不规则花坛和路径，池塘和水渠，种植树木和灌木，是米兰市中心的大型城市绿地（图6-12）。

图 6-12　风景如画的米兰森皮奥内公园实景

　　公园内的重要建筑有艺术宫等，市政府提供的无线网络对公园已全覆盖。公园内环境设施的设置，主要包括信息、卫生、配景、照明、康乐与服务休息类环境公共设施等，风格则为自然式与维多利亚式，如公园内草坪木栏、儿童娱乐设施，即用原木捆扎，休闲座椅则为传统靠背长椅，跨河铁桥即为英国维多利亚式，售货商亭、路灯、导向牌与垃圾筒均造型古朴，公园厕所则为预制移动形式，呈现出的均为自然、平和、静谧的空间景象（图6-13）。

图 6-13　米兰森皮奥内公园的环境设施设置实景

　　而住区活动场地为我们此次米兰之行下榻公寓附近，活动场地位居住区中心，周围为公寓、超市及有轨电车站点环绕。活动场地中除休息、卫生类环境设施外，主要为儿童娱乐设施，包括木马、秋千、滑梯、摇椅、沙坑，以及周边老人聚谈座椅、垃圾桶、告示栏与售货商亭等，造型与用材多为木制，也有古老的洗手与消防设施。隔离栏有铁、木两类，造型均简洁质朴，呈现出和谐的环境设计意象来（图6-14）。

图 6-14　米兰之行下榻公寓附近及住区活动场地环境设施设置实景

3. 城市环境设施特色

　　纵览米兰市的城市环境设施，在自由穿行城市空间后我产生了与城市同样的印象。即米兰一方面遍地古迹，另一方面夸张的现代异形建筑恣意地穿插于城市的各个角落。米兰城市空间中环境设施的设置也不例外：一边是古旧的老街，展现出久远的历史；一边是时尚的建筑，传达出现代的前卫。也许这正是米兰城市魅力所在，新与旧、传统与前卫、热情与冷漠毫无预兆地水乳交融。与威尼斯、佛罗伦萨和锡耶纳的完美和谐恰成对比，并构成米兰城市空间中的和谐，只是这种和谐是一种对立的和谐、一种破蛹成蝶再生欲望的和谐。而米兰的城市环境设施特色正是交融了传统元素与时尚元素，古典与现代的双重特质，在前卫艺术和经典传统文化的摩擦中保持着精神的延续和统一（图6-15）。

图 6-15　米兰的城市环境设施正是交融了传统与时尚，古典与现代的双重特质，在前卫艺术和传统经典的摩擦中保持着精神的延续和统一

　　可见，米兰城市空间中环境设施呈现出的这种意象：既要有目的地保护城市空间中丰富的历史人文景观，保护悠久的艺术文化氛围；又要担负起经济快速发展带来的城市前卫形象特色塑造的使命，尤其是米兰作为世界会展之都所必须传达更加开放、自由、外向的城市态度，更是需要城市空间环境能够展示出其前瞻性的设计理念。

6.2　风情万种——新加坡的城市环境设施

　　新加坡是赤道附近太平洋上的一个岛国城市，其得天独厚的自然条件加上科学的规划与完善的管理，创造了辉煌的经济奇迹，孕育出一个多民族融合共生的多元社会。经过多年的建设发展，如今的新加坡已经成为世界著名的"花园城市"。那么，新加坡在城市建设中有哪些经验值得我们借鉴呢？在新加坡国庆节庆前夕我们来到这个风景怡人的热带城市，并对其城市空间中的环境设施设计做了较为细致的实地考察。

1. 花园城市新加坡

　　花园城市新加坡位于新加坡岛的南端，面积将近100km^2。该市是新加坡的政治、经济、文化中心，有"花园城市"之称。这里是世界十字路口之一，优越的战略地理位置使得新加坡发展成为贸易、通信和旅游的区域中心，特有的地形地貌是建设新加坡优美环境的先天条件（图6-16）。

图 6-16　新加坡城区图及城市中心区鸟瞰

据马来史籍记载，公元1150年左右，苏门答腊的室利佛逝王国王子乘船到达此岛，看见一头黑兽，当地人告知为狮子，遂有"狮城"之称。1819年，总督斯坦福·莱佛士爵士在河口上岸，就预见新加坡适合发展转口贸易的经济潜能，于是，把新加坡开设为自由港，吸引各地商人前来进行贸易活动。根据全球金融中心指数2012年的排名，新加坡是第四大国际金融中心，而毗邻的吉

图 6-17　矗立在新加坡河口岸上的总督斯坦福·莱佛士爵士纪念塑像及乳白的"鱼尾狮"石头雕像

宝港口是世界上最繁忙的港口之一。新加坡河从市区穿过，她把新加坡抚育长大，现河口上直立着一座乳白的"鱼尾狮"石头雕像，就是新加坡的精神象征和城市标识（图6-17）。

自1965年新加坡成为一个独立国家以来，经济发展迅速，并在20世纪80年代成为"亚洲四小龙"之一，经济一直持续保持较高的发展水平。经过40余年的努力，新加坡人创造了众多发展奇迹，将城市建设成为一座极具吸引力的现代化"花园城市"。这个美称不但包含着城市环境的优美，而且也包含城市环境的洁净。新加坡四面环海，空气清新；在季风吹拂下，城市气候湿润，雨水充沛；加上岛上小丘起伏，树木密布，植被丰茂，好一派迷人的城市风貌。新加坡是东南亚的中心，也是全球著名的旅游城市，独特的热带风光、便利的交通设施、优良的购物环境、安定的社会秩序，使得到新加坡的游客络绎不绝。新加坡每年接待全球游客达到1000余万人，旅游业成为支柱产业之一。

新加坡还是一个多种族、多宗教与多习俗的城市国家，有28个民族。其中华人占66.9%，马来人占14%，印度人占6.6%，还有为数不多的其他族群及欧亚混血种人。

由于新加坡政府采取了得当的种族政策（包括分区而治、多种族的假日法定、多种族的文字通用等），各种族能够和谐相处，荣辱与共，并形成多元的民族文化。这种文化对新加坡城市环境的发展也产生了深远的影响，体现出新加坡在城市建设风貌方面特有的地域性、迁徙性与融合性等特色。也正是这种多元的民族文化特色，使我们在新加坡能看到不同民族多样化的历史文化遗迹和谐共存。如樟宜国际机场候机楼和植物园门口的叠石、圣淘沙的"鱼尾狮"塔代表着新加坡本岛文化与本地特色，而至今仍然保存着当年华人生活原貌的唐人街则代表着华人文化，另外还有代表马来西亚文化的马来村、代表印度文化的印度街与象征西方文化的西乐索堡炮台等，无不彰显出新加坡城市文化多元性与包容性的特点。

当然，新加坡城市的发展也受到资源的约束，因为这个城市国家的一切都要在 641.4km² 的土地内获得，也正是受到发展空间的限制，我们在这里处处都能感受到集聚、节约的城市发展理念贯穿于建设之中。如金融区、工业区等高度集中，国土面积尚有65%尚未

图6-18　城市居民的生活质量达到世界最高水平新加坡夜景景观

开发，预留了较大的发展空间和集水、蓄水的生存空间。市区中除几条主要干道为双向车道外，其他均为单行道，且道路宽度设计合理，道路交叉搭接科学，并有效提高了道路通行效率。宾馆、酒店、商场、机场等公共场所有自来水龙头均装有自动感应系统，且出水时间很短……城市科学发展、勤俭节约的理念已经深入人心，并使新加坡城市居民的生活质量达到世界最高水平（图6-18）。

2. 新加坡的城市环境设施

作为世界上最佳人居环境之一的新加坡，以及世界著名的"花园城市"，新加坡在城市建设中取得了令人注目的发展成就。从"花园城市"理论来看，它是英国人霍华德于1898年提出的，一个多世纪过去了，在强调城市可持续发展的今天，这个理论在世界许多城市的规划和建设方面得到体现，新加坡堪称其理论用于实践成功的典范。而从城市建设不可或缺的组成部分——城市空间中的环境设施设计实地考察来看，"花园城市"新加坡的城市环境设施也呈现出一种别样的设计风采。

（1）道路　行走在新加坡的城市道路，你似乎会感觉走进了热带树木与鲜花构成的绿色艺术长廊。车在道上行驶时，只能隐约见到人行道上行人的影踪。人在道上走，也不用担心机动车带来的安全影响和马达的噪音干扰，整条道路中间是车水马

龙，两侧则宁静闲雅， 而热带树木与鲜花也成为新加坡的城市道路最具特色的配景类环境设施背景。在贯穿城市东西的快速干道上，各类交通导向标牌设施指示明确，信号、隔离与拦阻设施完备，人行天桥横跨干道上空，公交站点有序安放，一种高度现代化且有序的管理效率，使道路畅通无阻（图6-19）。

图 6-19　新加坡的城市道路及环境设施实景

　　乌节路是新加坡的城市主干道，也是新加坡的著名商业街， 购物人流沿街道两旁步行道穿梭于各大商场。为解决乌节路人车交叉混合的问题，保障步行者的安全，并保障商业街界面的连续性，为行人提供更完整的街道体验空间。除对沿街道路实行人车分离，并通过人行天桥与下穿通道解决道路两侧的联系外，为营造热带城市独特的街道商业与步行氛围，还对沿街商厦建筑外观与铺地材质的选择，建筑立面与屋顶的形式，多媒体幕墙、户外广告、导向与招牌等信息类环境设施，以及街道灯具装饰、植物造景、夜景照明与售货商亭等配景与服务类， 沿街垃圾桶、公厕、饮水器等卫生类环境设施的设计元素进行全面整合，使乌节路商业街最终形成了具有整体感及热带城市风格特色，且充满活力的商业街道空间（图6-20）。

图 6-20　新加坡的著名商业街乌节路及环境设施实景

（2）**市中心区与广场**　新加坡市中心区与广场位于新加坡河流的出海口与滨海湾相连处，这里高楼林立、景致靓丽，海湾阳光明媚、水天一色，岸上绿树成荫、植物繁茂，广场周边花团锦簇、草坪茵茵。

1）**市中心区**　市中心区位于新加坡河口南北两岸，总长 5 km，宽1.5km的区域内。河的南岸是被绿树环绕、高楼比肩的经济和金融中心，这里集中了新加坡的大银行和大财团，有商厦、银行、办公、酒店及繁华商业区等汇聚于此，著名的华人街——牛车水也在区域之内。河的北岸是花草树木与楼宇交错的行政区，环境幽雅宁静，有国会、政府大厦、高等法院、维多利亚纪念堂和莱佛士登陆遗址等，具有英国与荷兰建筑设计的风韵（图6-21）。

图 6-21　位于新加坡河口南北两岸，总长 5 km，宽 1.5km 的市中心区鸟瞰

新加坡河口外是滨海湾，海湾北岸建有占地6公顷，外形似两个巨大"榴莲"的海滨艺术中心，建筑群包括戏剧院、音乐厅、小剧场、音乐室、户外剧场及三层楼高

的购物中心。海湾东南岸为开业不多久的滨海湾金沙酒店，以及集室内运河、高雅艺术品、赌场、室外广场、会议中心、剧场、水晶展馆、莲花形博物馆等一系列令人耳目一新的建筑于一体的商业娱乐新区，具有现代设计的特点。

　　整个市中心区经过多年的规划建设，达到目前世界上城市化水平最高的建设水准。其城市空间及所设环境设施也具有特色。从交通、照明、配景、服务与卫生类环境设施设置来看，沿滨海湾与新加坡河口宽10到15m的沿河环状步行道系统已基本全线贯通，路灯、座椅、观景、游览、表演、娱乐等设施与小品分布于步行道两侧草地、绿树之间，串联其中的小广场可举行户外活动和艺术表演，岸边一溜色彩鲜明的遮阳伞在热带树木的摇曳下，为中心区海湾两岸增添了活力和风采。

　　另在新加坡河口远不过400m，近只有100m的新加坡河上，就建有横跨两岸的车行或步行桥梁，以及环状贯通的步行道、小广场，加上座椅、绿化等为市民与游人的散步、锻炼、游览、休息提供更多的方便和舒适（图6-22）。

图 6-22　新加坡市中心区及滨海湾两岸环境设施实景

　　2）市政广场　位于新加坡河北岸的行政区内，我们来到这里之时正逢新加坡建国40周年大庆节日的前夕，市政广场一带充满了迎接节日的气氛。只见广场四周的建筑挂满新加坡国旗与红白相间的披带，道路两边路灯上悬吊彩旗与节庆宣传吊牌，庆典台上满铺红色地毯，周边置满盛开鲜花，广场上彩球飞舞，游行彩车停于道旁。而庆典筹备之中的各种禁行、拦阻等临时设施有序排列于各个路口，一派喜庆、祥和与忙碌的景象（图6-23）。

图 6-23　市政广场及周边环境设施实景

　　我们漫步于广场周边，可见新加坡国家独立纪念碑矗立在广场中心，各类纪念主题雕塑等配景类环境设施置于广场四周的树林之中，周围的政府大厦建筑、大门、围墙、路灯均为古典样式造型，路边导向标识清晰，卫生设施干净。道路整洁，人行道旁种着叶繁枝茂的行道树及各种花卉，草坪、花坛置于其间，展现出行政区内的庄严与平和。

　　（3）节点　从城市节点来看，在新加坡市内莫过于矗立在新加坡河河口面向大海的滨海湾西岸，浮尔顿一号大厦跨河大桥旁的鱼尾狮塑像。鱼尾狮是一种虚构的鱼身狮头的动物，它于1964年由时任Van Kleef 水族馆馆长的Fraser Brunner先生设计，其后被新加坡旅游局用作标志到1997年，如今已成为新加坡的标志及国际识别形象。鱼尾狮的狮头代表传说中的"狮城"，塑像的鱼尾造型及浮泳于层层海浪间的底座，既代表新加坡从渔港变成商港的特性，同时也象征着先民当年漂洋过海，南来谋生求存，刻苦耐劳的祖辈。塑像高8.6m，重70t，狮子口中喷出一股清水，由雕刻家林浪新先生和他的两个孩子于1972年共同完成，其后另置一座高2m的小鱼尾狮塑像。极富创意的鱼尾狮塑像，全身洁白，双眼含笑，毛发丰美，鳞片鲜活。白色水花日夜不停地从狮口喷洒而出，流向河水、奔向大海，为新加坡河畔一带的景致营造了美好的气氛。

　　鱼尾狮塑像原置于新加坡河口的公园内，2002年9月15日被移到目前新建的鱼尾狮公园。该公园建有一座露天看台，游客可走到鱼尾狮前面拍照，看台上可容纳200名表演者，观众坐在阶梯上，就能背靠滨海湾，在星空下欣赏精彩的表演。而其节点空间内所设购物商店、饮食店可供游人在此餐饮与小憩，并可在其所设配景、信息与服务类环境设施提供的空间中自由自在地欣赏鱼尾狮的风采和海湾怡人的景色（图6-24）。

图 6-24　城标鱼尾狮塑像及露天看台空间节点所设环境设施实景

　　（4）建筑组群　乘飞机来到"花园城市"新加坡，接触到最大的建筑组群，莫过于樟宜国际机场航站楼了。樟宜国际机场位于新加坡的东端，由两条快速公路去市区相连通往机场，机场占地16.6km²，其中9.213km²由填海而得。樟宜国际机场是亚洲枢纽机场，其高效率、高品质的服务而闻名于世。自1981年通航以来多次被评为世界最佳机场或最佳航站楼（图6-25）。

　　樟宜机场目前有5个航站楼，其中1、2、3号航站楼连接一体，旅客可通过捷运系统、高架列车或步行方式自由往来3个航站楼。2号航站楼内的JetQuay航站楼供商务贵宾使用。低成本航站楼位于机场南方，旅客可在2号航站楼乘巴士往来。5个航站楼面积总计104万 m²，年运旅客约7300万人次。从我们抵达的2号航站楼看， 航站楼按停机坪编号分为4个部分。我们从出机口进入2号航站楼，过海关检查经到港大厅、入境大厅来到行李领取厅取出行李后抵达等候厅的路线，走完航站楼建筑内部空间，对

图 6-25　樟宜国际机场建筑组群及内外所设环境设施实景

　　樟宜国际机场高效管理，简捷、通顺与"流线自明"的导向系统留下深刻印象。航站楼建筑内部空间所设信息、交通、照明、服务、配景、卫生、管理与无障碍类环境设施完善，站内导向标识引人注目，各类信息发布通过显示屏及时变更，休息座凳布置灵活，自行通道运行平稳，自动售货与垃圾桶配置充分。航站楼内不仅设有各种免税商店及餐饮空间，以仙人掌、竹、海里康、向日葵、蕨类及胡姬花6种植物为主题的露天花园对机场旅客开放。加上遍及机场各处的商务中心，室内花台、叠水等配景类环境设施，为航站楼建筑内部空间带来勃勃生机。

　　航站楼建筑外部的"花园城市"特色，我们从航站楼内就可感知。樟宜机场作为新加坡对外的窗口，精心的建筑园林绿化规划和环境艺术设计使整个机场融合在绿色的海洋中。走出机场航站楼，候车廊外鲜花盛开，热带植物迎风轻摇。机场停车场上交通标识明确、护栏精致、无障碍设施周全，可见在机场规划设计中对点点滴滴均力求做到尽善尽美，以展现新加坡城市的良好形象。我们沿机场宽30m的离场路进入市区，只见东海岸高速公路中间宽9m的隔离带遍植红花绿草，加之滨海风光，给人心旷神怡的感觉。

（5）公园与住区邻里中心

1）公园　新加坡作为著名的"花园城市"，市内公园种类丰富，包括沿岸公园、自然公园、水库公园、城市公园、新镇公园、邻里绿地和组群绿地等，其中最具代表性的当属新加坡最为迷人的度假胜地——圣淘沙公园了。

圣淘沙公园位于新加坡本岛南部，离市中心半公里。它是新加坡"花园城市"的具体实现，在这里，洁白无垠的海滩和清澈明亮的海水可以让人心灵宁静。在这里，美丽的自然景色随处可见；放眼望去，岛上青葱翠绿，既有阳光沙滩等自然景观，更有精致的人文景致耐人寻味。公园里，你可以在沙滩上赤足行走，沐浴海风；可以在37m的鱼尾狮塔上眺望，去世界昆虫博物馆内观赏，高尔夫乐园里挥杆，探险乐园里体验。也可沿天然幽径——"龙道"行走，入海底世界猎奇，胡姬花园与蝴蝶园里追风，到亚洲文化村看各国风情特色演出，进动感影院赏全身都要"互动"的电影，来西乐索炮台、海事博物馆与新加坡万象馆感知历史的积淀，还可去圣淘沙香格里拉酒店享受异国美味与服务……无论是白天还是黑夜，圣淘沙都会把自己所有的美丽与欢乐时时刻刻的传递出来，让来岛的游人无不陶醉在岛上时光里。

在这个集中展示"花园城市"欢声笑语的公园里，城市各类环境设施显然也呈现出与其他场所空间的不同，即环境设施设置规划与造型设计除了应有的功能作用外，还应体现出公园空间的休闲性、娱乐性、趣味性与知识性（图6-26）。

休闲性——进入圣淘沙公园，从公园道路、入口停车场地与满目的热带植物，不管是空间的氛围，还是所设的小品，公园的休闲性展露无遗。这种休闲性，从公园中设置的花园入口、花廊、隔墙、登山木道、餐饮与服务中心、候车长廊与沙滩茅亭，以及临岌巴港湾而建的亚洲文化村建筑、水上休息平台、灯具造型中均能感受到；

娱乐性——圣淘沙是一个娱乐的公园，公园里除各种娱乐项目与设施外，不少具有高科技的娱乐设施，诸如4D魔幻影院、4D魔幻剧场；以海面为舞台、夜空为幕景，融高科技、影像演员于一体的"海之颂"现场表演等，给游人带来一场视觉盛宴。而与其项目配套的舞台、看台等服务类小品同样体现出设置的娱乐性。

趣味性——圣淘沙公园中依山势而设的"龙脊"步道、登山蝶廊、昆虫木柱、花形导向标牌、自行车道门栏，以及西罗索海滨沙滩上置放的不同色彩组合字母，以12个月份为主题的花卉造型及铺满玫瑰的巨型墙壁等，为公园增添了无尽的趣味与欢笑。

知识性——在公园中的世界昆虫博物馆、海底世界、"龙道"导向和热带树木、花卉等需要做知识方面的引介，以使游人对其背景、渊源、演进、特征、作用等内容有所了解，从而增加旅游的知识性。

图 6-26　新加坡最为迷人的度假胜地——圣淘沙公园内所设环境设施实景

　　圣淘沙公园及其所设各类环境设施的上述特性，对展现"花园城市"良好的生态环境，以及从多元文化融合及现代设计美感的创造方面予以实施，成功地处理好城市发展与自然保护关系探索实践方面具有现实的意义和价值。

2）住区邻里中心   新加坡政府为满足城市中低收入家庭住房需求，从1964年实行"居者有其屋"计划，推行组屋建设，至今新加坡已有85%以上的人口居住在组屋中。与此同时，政府还以创新手法发展新镇和住区，并在其建设中注重"以人为本"设计理念的导入，突出了"家庭""邻里"这种浓厚的东方色彩。在每个住区建设集小区服务和商业功能于一体的"邻里中心"，以为住区内居民提供日常生活中所需的服务。

在住区邻里中心建设中，各类环境设施的配置对实现人性化设计理念具有实际应用方面的影响。如在住区组屋楼宇之间，增建有顶棚的连廊，并与相邻组屋及巴士站连接，使居民出行时免受日晒雨淋之苦；增建住区邻里中心宴会场所和聚会场地，包括住区凉亭、花棚等遮阴设施；在组屋电梯上增设盲人触摸按钮，信箱口采用密封式，避免广告乱投；为了儿童安全，在学校和住区间同样设有长廊作为专用通道，以避免学生遭受机动车的碰撞；在邻里中心还建有老年和儿童活动设施（图6-27）。

图 6-27 新加坡城市组屋及住区邻里中心内所设环境设施实景

作为世界上最佳人居环境之一的新加坡，不仅把地域文化巧妙地融入住区邻里中心的规划和设计之中，形成了具有新加坡特色的住区文化，而且还把住区邻里中心规划及环境艺术设计与整个城市的规划设计有机地结合起来，营造出了新加坡城市独特的人居风貌。新加坡的城市住区邻里中心环境建设还受到来自东西方国家与地区的普遍赞赏，其城市各类环境设施设计作为城市空间规划与建设中不可或缺的组成部分，对新加坡成为有口皆碑、名副其实的"花园城市"更是起到具有建设性的推动作用。

3. 多元化中的风情万种

从花园城市新加坡在其道路、市中心区与广场、节点、建筑组群及公园与住区邻里中心所设各类城市环境设施的实地考察与归纳总结可以看出，新加坡城市空间与环境设施的规划与设计呈现出一种多元化发展的态势。其中的原因：

1）新加坡是个多种族、多宗教与多习俗的城市，不同的民族、历史与文化，经过创造性的融合形成今天独特的新加坡文化。这种文化属于典型的城市文化，融合中西方文化的精髓，具有很强的文化多元性与包容性。

2）新加坡独特的地理环境深刻地影响着城市的创造性思维，即使在科技高度发展的今天，其城市的现代化发展依然沉浸在挥之不去的地域风情之中，并不断地利用这些珍贵的热带自然资源来提高城市的价值。

3）新加坡城市文化丰富，东方与西方、传统与现代、平和与前卫共同展现在同一平台之上，环境美学与城市文化有机结合，对人性化、舒适化、实用化的追求依然贯穿始终，整体的城市文化作为审美的载体引领着大众的品位，和谐共存，共同影响新加坡城市空间及其环境设施风格的形成。

正是新加坡城市建设具有这种多元化发展的特点，我们从新加坡城市空间与环境设施设计中才能品味到风情万种的形态，既有欧式风格，如市政中心区的行政建筑与广场环境，以及亚洲最受欢迎的莱佛士酒店建筑与环境空间等；也有中式风格，如位于桥南路到新桥路一带的牛车水（唐人街），以及天富宫、裕华园建筑与环境空间等；有马来风格的苏丹伊斯兰教堂，也有印度风格的斯里尼瓦沙柏鲁马兴都庙，还有日本和式风格星和园及环境空间等；有热带风格的圣陶沙公园、植物园与花柏山，也有现代及前卫风格的城市道路、组屋住区与邻里中心、大学及工业园区，以及位于滨海湾东南与北部集商业娱乐于一体的海湾开发新区、令人耳目一新的海滨艺术中心建筑与环境空间等，从而造就了其中所设城市环境设施不同于东方或西方的个性气质（图6-28）。

当然，新加坡在城市空间及其环境设施能够形成如此风情万种的形态，离不开政策的保障、健全的组织机构和完善的法制措施基础。在城市发展建设中，我们知道为营造新的城区、道路、住宅、厂房、学校、园区或公共设施，经常会以丧失城市历史、文化与风貌及其周边环境的绿地、森林、水体、地貌等自然资源区为代价，这在世界城市化发展进程中可说是屡见不鲜。新加坡政府为了保护人文与自然资源，制定出一系列建设管理措施，且严格执法，并有条不紊的予以实施才取得今日之成果，这也是花园城市新加坡得到世人对其发展形成的共识（图6-29）。

图 6-28　多元化中的新加坡文化，造就了所设城市环境设施风情万种的设计形态

图 6-29　作为世界最佳人居环境之一的新加坡，在城市建设中取得了令人注目的发展成就

　　在一本名为"Singapore-The next Lap"的书中，新加坡人对未来城市环境的愿望是这样描述的："新加坡将成为一个拥有世界级设施的现代城市，同时也是娱乐休闲最佳的热带岛屿。它将是一个能提供多种选择的、拥有丰富环境的、独特优雅的城市。"

6.3 案例剖析得到的启示

1. 意大利米兰城市案例启示

米兰作为世界时尚与设计之都,其城市空间与所设环境设施的和谐是历史与现代对立、交错的和谐。城市环境设施既要保护其丰富的历史人文景观、悠久的艺术文化背景;又要担负起经济快速发展带来的城市前卫形象特色塑造的使命。然而这也正是米兰城市魅力所在,新与旧、传统与前卫、热情与冷漠毫无预兆地水乳交融。

米兰城市街道的环境设施,正是按城市中道路、广场、节点与建筑组群、公园与休闲场地的序列来展开,其特色正是交融了传统元素与时尚元素,古典与现代这样的双重特质,在时尚、前卫艺术和经典传统文化的摩擦中保持着精神的延续和统一,切不可将其割裂开来,更不能抹杀掉其中任一方面。尤其是米兰作为世界时尚、设计与会展之都所必须传达更加开放、自由、外向的城市态度,更是需要在其城市空间环境中能够展示出其前瞻性的设计理念,这也是米兰城市案例带给我们的启示。

2. 新加坡城市案例启示

作为世界最佳人居环境之一的花园城市新加坡,在其城市道路、市中心区与广场、节点、建筑组群及公园与住区邻里中心所设各类城市环境设施的经验,通过实地考察与归纳总结可以看出有以下几点对我们具有参考价值:

(1)**具有文化的包容性**　新加坡是一个有着28个民族的国家,有华人、马来人、印度人和其他种族居民。不同的民族、不同的历史文化,经过创造性的融合最终造就了独特的新加坡文化。同时由于新加坡是个城市国家,它的文化属于典型的城市文化,融合中西方文化的精髓,具有很强的包容性,从而形成风情万种的城市环境设施设计风格。

(2)**管理水平的高效性**　新加坡高效、一流的管理水平体现在政府的高效率、人民的高素质、基础设施的高标准等方面。新加坡实施的是违法重罚和违规鞭刑的惩处机制,全方位、多渠道的教育培训方式造就了高素质的新加坡人。全民的高素质为管理的高效率提供了有力的保障,也是城市环境设施设置规划得以实施与维护的基础。

(3)**集聚发展的持续性**　新加坡因地小人多,发展空间与资源紧缺,所以处处都能感受到集聚与节约发展的理念深入各个领域。在城市空间与环境设施设置规划与设计造型中同样注重空间的集聚利用与用材的节约考虑,并将绿色、节能、环保与生态设计等观念贯穿其中,以实现可持续发展。

第7章　城市环境设施设计专题研究

——以深圳市深南中路及深南东路西段道路两侧环境设施设计为例

城市环境设施设计实践专题研究，是在其设计理论探析的基础上，依据环境设施设置规划与造型设计在城市空间不同类型中的具体需要，重点针对城市空间的主要类型，即城市道路、广场、节点与建筑组群内外环境进行环境设施设计创作实践方面的探索。

7.1　深圳城市道路建设及深南路所设环境设施现状

道路作为城市空间类型中最主要的构成内容，它包括城市干道与街道，既承担了交通运输的任务，同时又为城市居民提供了公共活动的场所（图7-1）。在城市空间中，大多数城市道路的面积约占所有用地面积的四分之一。从物质构成关系来说，道路可以看作是城市的"骨架"和"血管"；从精神构成关系来说，道

图7-1　道路是城市空间中最主要的构成内容，也是为城市居民提供了生活的公共活动的场所

路又是决定城市印象的首要因素。

美国杰出的作家、学者、社会活动家简·雅各布斯（Jacobs Jane，1916—2006）在《美国大城市的生与死》一书中提出："当想到一个城市时，心里有了什么？它的街道。如果一个大城市的街道看上去很有趣，那么这个城市看上去也挺有趣；如果这个街道看上去很枯燥，那么这个城市看上去也很枯燥。"道路不仅仅是城市各个区域连接的通道，在很大程度上还是人们公共生活的舞台，是城市人文精神要素的综合反映，是一个城市历史文化延续变迁的载体和见证，是一种重要的文化资源，构成区域文化表象背后的灵魂要素，诸如法国巴黎的香榭丽舍大道、上海浦东的世纪大道、深圳市深南路，以及成都锦里西蜀第一街都是成功的范例（图7-2）。

图 7-2 道路不仅仅是城市各个区域连接的通道，在很大程度上还是城市人文精神要素的综合反映，是一个城市历史文化延续变迁的载体和见证
a）法国巴黎香榭丽舍大道　b）上海浦东世纪大道　c）深圳市深南路　d）成都锦里西蜀第一街

美国著名风景园林师劳伦斯·哈普林（Lawrence Halprin 1916—2009）认为："一个都市的景观的被重视程度可以从这个城市的街道桌椅的品质和数量上显示出来。"道路环境设施是为市民们服务的，配置的完善与否和造型设计风格体现着一座城市的文化意蕴和其精神气质，甚至体现这个城市的文化内涵和市民的生活品质。

正是基于这样的思考，这里在深圳市汉沙扬景观规划设计有限公司的支持下，以深圳市深南中路为例进行道路环境设施设计创作实践方面的探索，其目的是将时尚要素导入道路环境设计来完成城市环境艺术品质的提升。

1. 深圳市深南路发展概貌

改革开放以来，深圳的发展速度令世人瞩目。深圳市地处珠江口东面，东临大鹏湾西接珠江口，与素有港口明珠之称的香港仅有一河之隔。它是我国除海南省之外最大的经济特区，30多年来，深圳人锐意改革、勇于开拓、大胆创新，描绘现代化国际性城市的蓝图，走出了一条具有中国特色的城市发展道路，创造了世界城市发展史上的奇迹。它是我国经济发展史上的一朵奇葩，它的发展速度令世界为之瞩目（图7-3）。

从深圳市城市道路建设来看，城市已建设形成了"五横八纵"的城市快速路网络。在2030年前，深圳市的干线道路网（包括高速公路和快速路）将形成"七横十三纵"的总体布局形态。深南路作为深圳市的一条东西向重要交通主干道，东始于罗湖区深南沿河立交，西终于南山区南头检查站，全长约30km，由东至西横穿深圳罗湖、福田、南山3个区，由深南大道、深南中路与深南东路三个不断延伸的路段组成，被称为"南中国第一路"。深南路作为城市景观大道，无疑是深圳备受瞩目的形象道路，它既是深圳经济特区的迎宾大道，也是深圳的城市名片。道路两侧均为花地；太阳升起，深南路明净清朗，繁密艳丽的各种鲜花灿烂得让人心醉；夜幕低垂，数不清的霓虹华彩扑面而来，处处璀璨辉煌……（图7-4）。

图 7-3　令世人瞩目的深圳发展速度，在 30 多年的时间里建设成一座现代化城市

图 7-4　被称为"南中国第一路"，全长近 30km 的深南大道的繁华夜景

2. 道路环境设施设置现状

环境设施所设道路横跨深圳市福田、罗湖区，为城市主干道，东西走向，起于皇岗路止于红岭路段，以及深南东路红岭路至深圳河段，全长约4.5km，宽48m，双向八车道。这里是特区经济的繁华核心地段，其间集中了深圳最大的商贸圈——华强北商圈，深圳金融中心区蔡屋围金融中心区，深圳特区的标志性建筑地王大厦、京基100大厦、赛格广场，以及深圳证券交易所都坐落其上。从东到西，坐落于道路两侧具有代表性的建设项目还有：人民桥、电网大厦（北侧）、万象城及下沉广场（南侧）、深圳书城（南侧）、人民银行（北侧）、深圳大剧院（北侧）、工商银行（南侧）、发展大厦（南侧）、农业银行（北侧）、金融中心（南侧）、晶都大酒店（南侧）、红岭大厦（南侧）、荔枝公园（北侧）、邓小平画像广场（北侧）、新闻大厦（北侧）、市博物馆（北侧）、新城大厦（南侧）、深圳市委（北侧）、中信大厦及城市广场（南侧）、科学馆（北侧）、华联大厦（北侧）、华垦大厦（南侧）、兴华宾馆（北侧）、华能大厦（北侧）、赤尾大厦（南侧）与佳和华强大厦（北侧）、中航大厦（北侧）、北方大厦（南侧）、上海宾馆（北侧）、街头喷泉（南侧）、国际科技大厦（南侧）、深圳中心公园（北侧）、国际文化大厦（南侧），以及横跨道路南北的蔡屋围天桥、中航天桥、田面天桥及华富路等多处人行地下通道（图7-5）。可见，深南大道无疑是深圳改革开放30多年来快速发展、不断进取的建设缩影，更是深圳市走向未来的形象典范。

图7-5 深南中路及深南东路西段（人民桥以西）道路两侧具有标志性的建筑楼宇与空间场所

　　对深南中路及深南东路西段（人民桥以西）道路两侧环境设施设置的专项研究，是我们对深圳市福田区滨河大道、华强（南、北）路、红荔路、红岭（南、中、北）路、上步（南、中、北）路、人民（南、北）路、笋岗（东、西）路、东门步街等10余条道路实地调研的基础上选定的。当我们沿着规划路段漫步，可见道路两侧所设环境设施包括：各类标识、告示及导向系统，广告与店招；环境雕塑、水景；各类栏杆、垃圾箱、售货商亭、自动取款机与售货机；地铁出入口、公交车站候车亭廊、停车场、路障设施；人行天桥、休息坐具、亭廊棚架、城市环境中社区的管理亭、街头巷尾的城市便民服务设施，以及一些无障碍环境设施等（图7-6）。此路可说是深圳市在当前城市道路环境设施配置较为完善的城市道路之一。

图7-6 深南中路及深南东路西段（人民桥以西）道路两侧所设各类环境设施现状实景

图 7-6　深南中路及深南东路西段（人民桥以西）道路两侧所设各类环境设施现状实景（续）

3. 道路环境设施设置存在的问题

虽然深南中路及深南东路西段（人民桥以西）道路两侧在其环境设施设置方面相对丰富，但是通过对整个道路调查后，我们仍然发现在其环境设施设置方面存在诸多问题：

（1）**缺乏城市特色**　深南中路及深南东路西段（人民桥以西）是最能代表深圳城市面貌的路段之一，道路环境环境设施设置较为丰富，但由于不同类型的环境设施设置分属不同部门，从而造成道路所设环境设施造型各自为政，加之不少环境设施造型盲目引进，从而无法与城市整体环境协调、与道路环境定位相符，更无法充分展现城市风貌与特色。另外环境设施设置还缺乏对环境场所精神的体现，位置与尺度不妥，加上通用设计不到位，致使整条道路环境设施设置的系统性与谐调性不足，城市的性格与文化内涵未能得到应有的体现与重视。

（2）**重交通轻人情**　深南中路及深南东路西段（人民桥以西）从道路性质来看虽然是以交通为主、生活为辅，但由于这个路段当前已发展成为深南主要商圈之一，道路两侧商业客流较大，人车冲突随处可见。供行人停留、休息的场地不足，环境设施人性化考虑不够等，均呈现出重交通轻人情的状况。尽管在深南中路道路环境设施设置方面以交通为主、生活为辅本无可非议，但如何在人车喧哗的道路两侧利用一些开敞空间营造能让人静心休息的场地，以及加强道路环境设施设置方面的人性化设计仍然大有文章可做。

（3）**种类数量不足**　深南中路及深南东路西段（人民桥以西）是深圳经济发达、商贸繁荣的道路之一，也是市民户外活动频繁的地方。虽然道路两侧所设环境设施相对丰富，但相对快速发展的城市需要来说，不少新兴及具有高新技术特征的环境设施仍不多见，诸如城市wifi亭、城市数码岛等不少环境设施设置类型还未见到。作为亚热带滨海城市，遮阳挡雨设施与休息座椅设置数量不足，尤其是没有座椅的游人坐在隔离护栏上的景象，对城市整体形象塑造显然会带来负面评价和安全隐患。

（4）**维护管理不够**　就深南中路及深南东路西段（人民桥以西）道路两侧城市管理整体水平来说，在国内当属前列。但从所设环境设施看，仍有重建轻管的现象，这也许是城市环境设施种类多、数量大，建设出自多门所致，从而造成维护管理不到位，破损后得不到及时维修等现象。规范环境设施造型设计与建设招、投标工作，加强维护管理方面的统筹，是维护与管理好城市各类环境设施，促使城市空间中环境设施持续发展的根本保障。

7.2　道路两侧环境设施设置规划与设计造型定位

1. 城市道路风貌特色确立

依据深圳市现代与历史并存、外来文化与本土特色相互融合的城市特色，在其道路特色塑造中，我们依据城市总体规划中对整个城市风貌规划性质的确立，即面向未来发展、商业时尚展示、城市特色彰显及外来文化融合等城市形象塑造的要求，在城市道路特色塑造中与其对应，并归纳成以下四个风格来定位。

未来风格——以未来科技与现代前卫建筑及艺术造型来设计。

时尚风格——以现代时尚造型与艺术潮流来设计。

地域风格——以岭南园林及传统建筑装饰特色来更新设计。

外来风格——以外来建筑及装饰特色来更新设计。

而在深圳市城市道路风貌特色塑造中也遵循这样的规划要求，选择4条能够展现上述风貌的道路来进行城市道路环境设施设置规划与设计造型（图7-7）。所选街道分别为：

未来风格——以深南大道、滨海大道为例。

时尚风格——以深南中路、华强北路商业街、南海大道商业区为例。

地域风格——以南新路、东门步行街为例。

外来风格——以华侨城波托菲洛欧风街、侨城东街为例。

图 7-7　展现深圳市城市风貌特色的道路空间环境
a）深圳滨海大道　b）深圳华强北路商业街　c）深圳东门步行街　d）深圳华侨城波托菲洛欧风街

2. 深南中路及深南东路西段（人民桥以西）道路两侧环境设施设置风格定位

伴随着深圳市经济的快速发展、社会进步与城市向着国际化一流水准建设的步伐，以及利用承办2011年第26届世界大学生夏季运动会的契机，深圳市持续推进提升整个城市品质的建设进程。我们与深圳市汉沙扬景观设计有限公司联合进行了深圳市道路环境设施更新改造项目的设计工作。其中的深南中路及深南东路西段（人民桥以西）道路两侧环境设施设置规划与造型设计，即依据与上位规划的衔接，结合城市发展的国际视野和现代设计思维体现的需要，在城市道路环境设施设计创作和改造方法上力求有所创新与突破。

基于这样的思考，以及深圳市城市道路风貌特色塑造中的规划要求，深南中路及深南东路西段（人民桥以西）道路两侧环境设施设置规划与设计造型的风格主题即定为"时尚与未来的交织"。其中"时尚"是城市最大商贸圈——华强北商圈的设计风格，走向"未来"是贯穿深圳城市东西主轴——深南路这条被称之为"南中国第一路"的设计风格。深南中路及深南东路西段（人民桥以西）道路两侧处于两种风格交汇中心，故将"时尚与未来的交织"确立为其城市环境设施设置规划与设计造型的风格定位，以使其规划设计具有前瞻性及创新特征。

7.3 道路两侧环境设施的设置规划

深南中路及深南东路西段（人民桥以西）道路两侧环境设施设置规划，主要包括配置标准、类型选择与规划布局等方面的内容。就其设置规划来看，应坚持以人为本的原则来制定，通过对城市环境设施设置规划，提出深南中路及深南东路西段（人民桥以西）道路两侧的配置标准建议，可供选择的环境设施类型及其能够满足其空间环境的功能需求，方便市民在深南中路及深南东路西段（人民桥以西）道路两侧上开展各种活动的规划布局形式等。

1. 环境设施设置规划的配置标准

（1）编制依据　一是应满足国家与地方相关规范的要求——包括国家、广东省及深圳市相关法规、规章与规范等内容。

二是应满足以城市市民为本的设计原则——包括体贴的人性关怀、可持续生态考量、和谐的多元文化等内容。

三是应体现其规划设计的风格定位目标——深南中路及深南东路西段（人民桥以西）道路两侧环境设施规划设计的风格定位为"时尚与未来的交织"，其道路环境设施设置应在布局、造型与组配等规划设计方面体现其定位目标。

四是应符合环境设施设置的经济适用需要——深南中路及深南东路西段（人民桥以西）道路两侧环境设施设置规划配置指标较其他地区高，但同时要考虑其经济适用需要，不能盲目提高标准，造成资源的浪费。

（2）配置标准　深南中路及深南东路西段（人民桥以西）道路两侧城市环境设施类型繁多，其配置标准，可分以下几个层面来操作：

1）已有相关国家规范配置规定

对国家已在相关规范中做出配置规定的，如废物箱、公共厕所、道路照明设施等，即按国家相关规范进行配置。其中：

① 废物箱：根据《城市环境卫生设施规划规范》GB50337—2003的第3.4.3条，设置在道路两侧的废物箱，其间距按道路功能划分，见表7-1。

表7-1　城市道路两侧废物箱配置要求

序号	道路类型	配置要求（个／m）	备注
1	商业、金融业街道	50~100m	
2	主干路、次干路、有辅道的快速路	100~200m	
3	支路、有人行道的快速路	200~400m	

　　② 公共厕所：根据《城市环境卫生设施规划标准》GB 50337—2018的第3.2.2条，各类城市用地公共厕所的设置标准应采用下表的指标，见表7-2所示。

表7-2　城市用地公共厕所的设置标准

城市用地类别	设置密度（座/km²）	设置间距/m	建筑面积（m²/座）	独立式公共厕所用地面积（m²/座）	备注
居住用地	3~5	500~800	30~60	60~100	旧城区宜取密度的高限，新区宜取密度的中、低限
公共设施用地	4~11	300~500	50~120	80~170	人流密集区域取高限密度、下限间距，人流稀疏区域取低限密度、上限间距。商业金融业用地宜取高限密度、下限间距。其他公共设施用地宜取中、低限密度，中、上限间距

注：1. 其他各类城市用地的公共厕所设置可按：
　　① 结合周边用地类别和道路类型综合考虑，若沿路设置，可按以下间距：
　　　　主干路、次干路、有辅道的快速路：500~800m；
　　　　支路、有人行道的快速路：800~1000m。
　　② 公共厕所建筑面积根据服务人数确定。
　　③ 独立式公共厕所用地面积根据公共厕所建筑面积按相应比例确定。
　　2. 用地面积中不包含与相邻建筑物间的绿化隔离带用地。

　　③ 道路照明设施

　　道路的照明设施，根据《城市道路照明设计标准》CJJ45—2015的5.1.2条，常规照明灯具的布置可分为单侧布置、双侧交错布置、双侧对称布置、中心对称布置和横向悬索布置五种基本方式。采用常规照明方式时，应根据道路横断面形式、宽度及照明要求进行选择，并应符合下列要求：

　　灯具的悬挑长度不宜超过安装高度的1/4，灯具的仰角不宜超过 15°。

　　灯具的布置方式、安装高度和间距可按下表，经计算后确定。

　　2）尚无相关国家规范配置规定

　　城市环境设施类型繁多，并不是对所有的环境设施国家都有相关规范，对目前大量尚无相关国家规范配置规定的环境设施，我们在深南中路及深南东路西段（人民桥以西）道路两侧城市环境设施配置中，主要是结合其道路所在空间与场所的具体情况，参照以往道路环境设施的设置经验，提出满足城市道路所在场所空间具有建议性的配置要求见表7-3。

表7-3 其他城市环境设施设置规划建议性配置标准指引

编号	设施名称	配置标准			备注
		交通性道路	生活性道路	商业性/步行街道	
1	导向指示牌	300~500m/个	200~400m/个	100~200m/个	沿路口、交叉口设置
2	电话或wifi亭	400~500m/处	200~400m/处	100~200m/处	每处可设置1~3个
3	垃圾桶	200~300m/个	100~200m/个	50~60m/个	沿设施带路口、人流密集处布置
4	休息座椅	200~500m/处	100~200m/处	20~50m/处	包括专门座椅和辅助座椅
5	公共厕所	500~800m/座	500~600m/座	300~500m/座	固定式与移动式相配合
6	饮水器	—	—	200~300m/个	座椅附近布置
7	消火栓	120~150m/处	120~150m/处	120~150m/处	沿外围道路或主要场地边缘

（3）布局要求

深南中路及深南东路西段（人民桥以西）道路两侧环境设施设置的规划布局要求为：一要确保人行道的通畅，二要方便步行与活动开展，三要提高道路的舒适性，四要重塑道路的景观性，五要加强人行道的安全性，六要提供适应人行的布灯方式，七要完善公交候车亭廊配置，八要营造道路的艺术氛围。从而使深南中路环境设施的设置规划能为城市道路的文化与特色塑造起到促进作用。

2. 环境设施设置类型的选择

城市道路环境设施主要包括信息类、交通类、卫生类、照明类、服务类、休息类、配景类、管理类、康乐类与无障碍等类型，但不是每条道路均要设置如此类型，应根据需要予以选择。针对深圳市重塑城市精神风貌的需要及深南中路及深南东路西段（人民桥以西）道路两侧环境设施规划设计的风格定位目标，在充分的考虑道路所处环境、设置场所与空间条件的基础上，从深南中路及深南东路西段（人民桥以西）道路两侧整体风貌塑造出发，结合道路两侧密布的商业、行政、办公、文化、科技、酒店、住宅、广场、公园与休闲绿地等的用地特点需要，从实际出发，因地制宜地对环境设施的类型提出选择建议。其选择程度分为：应设置、宜设置、不必设置和不应设置等4种，其选择依据为：

（1）道路使用者的需求决定环境设施类型选择的必要性，其需求包括：对城市道路的识别、位置和方向；是否安全、顺畅和舒适地通行；是否方便短暂的休息、候车中转换乘等。

（2）道路的功能、性质和等级，道路环境设施设置的风格定位目标，以及环境设施设置的客观条件等。

（3）道路两侧环境设施设置类型的选择见表7-4所示。

表7-4　深南中路及深南东路西段（人民桥以西）道路两侧环境设施设置类型选择

环境设施与设施类型	编号	环境设施与设施名称	设置状况				备注
			应设置	宜设置	不必设置	不应设置	
信息类	1	标识	●				
	2	告示		●			
	3	导向系统	●				
	4	广告与店招	●				
	5	电话与城市 wifi 亭		●			
	6	邮筒与邮箱		●			
	7	智能快递投递箱	●				
	8	电子信息显示系统	●				
	9	计时装置与公共时钟		●			
交通类	10	轨道与公交车站	●				
	11	停车场/共享单车架	●				
	12	加油站/充电桩		●			
	13	人行天桥/地下隧道		●			
	14	路障设施	●				
	15	人行横道	●				
	16	地面铺装	●				
卫生类	17	垃圾箱	●				
	18	公共厕所		●			
	19	空气净化器					
	20	烟灰缸/洗手盆		●			
照明类	21	照明设施	●				
服务类	22	休息座具	●				
	23	亭廊棚架		●			
	24	服务与售货商亭	●				
	25	自动取款机	●				
	26	自动售货机	●				
	27	饮水器		●			
	28	相关市政设施					

（续）

环境设施与设施类型	编号	环境设施与设施名称	设置状况				备注
			应设置	宜设置	不必设置	不应设置	
配景类	29	环境雕塑／壁饰	●				
	30	其他公共艺术		●			
	31	水景		●			
	32	绿植与花坛	●				
	33	景墙、景门与景窗		●			
	34	活动景物		●			
康乐类	35	游戏设施		●			
	36	游乐设施			●		
	37	健身设施		●			
管理类	38	管理设施	●				
	39	消防设施		●			
	40	防护设施		●			
无障碍	41	坡道	●				
	42	盲道	●				

3. 环境设施设置规划布局

根据深南中路及深南东路西段（人民桥以西）道路两侧环境设施规划设计的风格定位与特色塑造的需要，以及道路两侧环境设施设置的条件和相应的设计规范要求，在道路两侧环境设施设置规划方面除了从总体上做出规划布局外，还选择信息类、交通类、卫生类、照明类、配景类、服务类与无障碍等道路环境艺术环境设施，按该路段的具体设置条件进行分类规划布局，其规划范围如（图7-8）所示，布局的要点为：

一是确保道路通畅性；二是丰富道路活动性；三是改善道路舒适性；四是加强道路景观性；五是增强道路安全性；六是完善公交停靠性。

具体到深南中路及深南东路西段（人民桥以西）道路两侧环境设施设置规划，如（图7-9）所示。

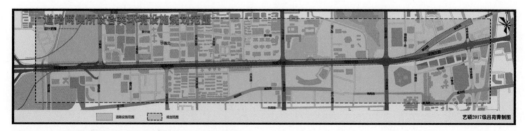

图 7-8　道路两侧所设各类环境设施规划范围

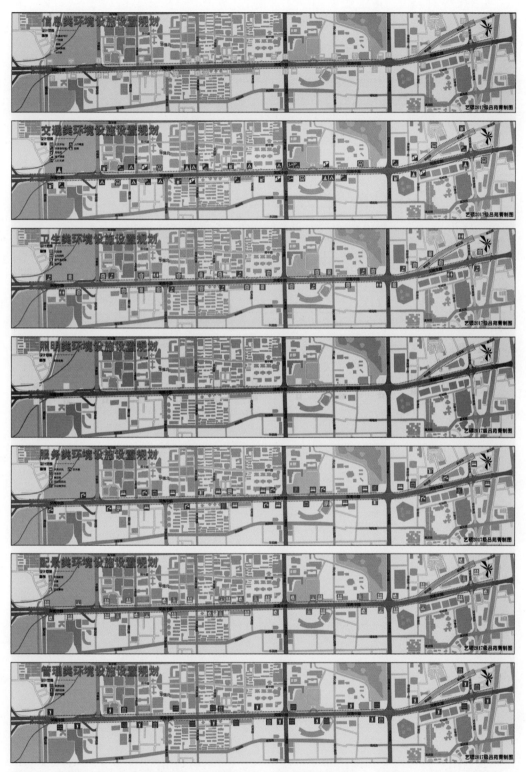

图 7-9　深南中路及深南东路西段（人民桥以西）道路两侧信息类、交通类、卫生类、照明类、服务类、配景类、管理类等环境设施设置规划

4. 环境设施布置方式与控制

结合环境设施设置规划布局的基本要求和相关要点，对深南中路主要路段提出环境设施设置方式，进行道路环境设施设置规划布局的路段经过归纳有三种断面形式，而进行道路环境设施设置规划布局的路段共有8个十字路口，15个丁字路口。作为道路交叉路口，其城市道路环境设施布局也是需要重点考虑的，具体布置方案以华强商业街十字路口及松岭路丁字路口来展现（图7-10）。

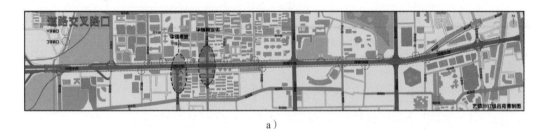

a）

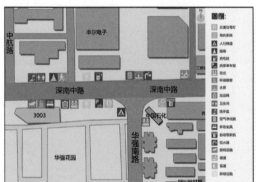

b）

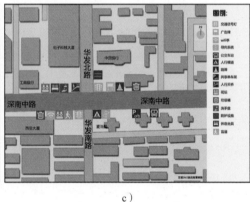

c）

图 7-10 道路交叉路口环境设施设置的规划布局
a）进行道路环境设施设置规划布局路段的交叉路口示意
b）华强商业街丁字路口环境设施设置规划
c）华发路十字丁字路口环境设施设置规划

在每个交通道路的主要路口处均按规范设置信息类、交通类环境设施，在道路的衔接处及各个不同功能区域之间穿插布置有服务类、配景类环境设施；在道路不同功能区域内均衡置放卫生类、休息类环境设施，在道路两侧设有无障碍环境设施。

7.4 道路两侧环境设施的设计造型

深南中路及深南东路西段（人民桥以西）道路两侧环境设施的造型设计，是在其设置规划的基础上，依据道路两侧环境设施规划设计的风格定位所做的深化设计工作。

（1）信息类环境设施造型设计　信息类环境设施主要包括城市道路中的导向系统、各类标识及告示，广告与店招，公共电话亭、城市WiFi亭，邮筒、邮箱与智能快递投递箱，计时装置与公共时钟等。现今城市环境也被各种各样的视觉信息所包裹，时尚文化的传播少不了这类设施作为传播载体。这类设施承担着信息的说明性、引导性及告示性的作用，因此如何快速、直接、美观地让信息被大众准确无误地接收，是信息类环境设施设计的关键。

1）导向标识设计　导向标识是城市道路中必须配置的环境设施，其功能在于引导方向、指示方位及传达信息。深南中路及深南东路西段（人民桥以西）道路两侧导向标识设计立足"时尚"与"未来"交织的风格定位，结合城市道路导向系统的实际需要，一改目前整个路段导向标识各自为政、形态无序滞后的状况，运用时尚、新颖的设计手法进行导向标识的设计造型，以展现规划道路两侧导向标识设计的风貌特色（图7-11）。

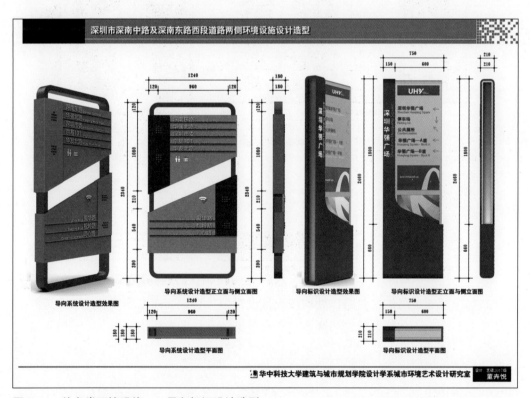

图 7-11　信息类环境设施——导向标识设计造型

2）广告与店招设计　广告与店招是城市道路两侧亮丽的商业文化风景线，以色彩、造型、内容、灯光效果点缀环境，向路人传递着多种信息，且为城市带来活力。深南中路的广告与店招设计分为两类，一类为道路两侧常见的大小招牌、广告塔标、立牌、灯箱、吊旗、幌子、霓虹灯、橱窗展示及商业店面等固定与可更换的广告与店招；一类为道路两侧建筑、交叉路口与节点场地所设造型各异的电子屏幕，以滚动方式播放城市新闻和商业信息广告，增添信息的瞬时传播效果。

3）城市WiFi亭、邮筒、邮箱与智能快递投递箱设计　在城市道路空间中，城市wifi亭的设计已逐步取代以往遍布道路的电话亭。城市wifi亭是一种可以将个人电脑、手持设备等终端以无线方式连接的技术，在城市道路中设置，可以随时随地享受无线上网服务，方便行人无线上网、订餐问路、手机充值、支付缴费等。可见城市WiFi亭不仅方便了城市市民的出行生活，也方便了外来人员对城市的了解，在深南中路设置城市wifi亭，对提升城市形象也将起到促进作用（图7-12）。

图7-12　信息类环境设施——城市WiFi亭设计造型

随着快递业的发展，邮筒与邮箱在现代城市道路两侧也不多见，深南中路及深南东路西段（人民桥以西）道路两侧尚有几处中国邮政营业点，其外设邮筒与邮箱造型陈旧，且与道路两侧风貌不符，为此结合"中国邮政"的企业形象与路段特点进行邮筒与邮箱设计。智能快递投递箱则是伴随着快递业的发展为用户提供24小时自助取件服务出现的，目的是为解决快递末端"最后一公里"投递问题，其设计造型多新颖、时尚（图7-13）。

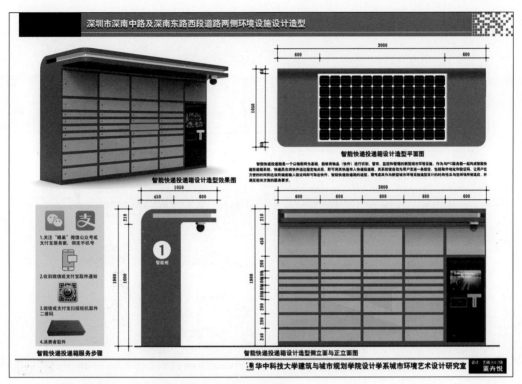

图 7-13 信息类环境设施——智能快递投递箱设计造型

（2）交通类环境设施设计造型 交通类环境设施主要包括城市轨道与公交车站的候车亭廊、停车场地与共享单车、加油站与充电桩、人行天桥与地下通道、路障设施与地面铺装等。在当前城市推行智慧交通的背景下，运用各种新兴技术手段，提出多方向、多维度、多系统的城市交通类环境设施设计方案，无疑在城市道路细节处理上给人更具亲和力的空间感受。

1）公交车站候车亭廊设计 深南中路及深南东路西段（人民桥以西）道路两侧的公交车站候车亭廊设计，其造型在遵循公交站点分级的原则下，采用通用性与模块化的处理手法进行设计。造型中运用太阳能电池板与候车亭顶棚结合的设计方式，为车站的电子设备提供充足能源。车站内的广告灯箱为滚动式，是宣传城市风貌的有效方式。此外，候车亭廊在设计造型中还配备有防护栏、夜间照明、休息座椅、站名牌立柱、站牌（智能电子站牌）、公交线路图、垃圾箱、电子显示屏、监控摄像头，并兼顾路面与盲道设计结合，使之具有无障碍性，以展现对残障人群的爱心（图7-14）。

2）新能源车充电桩设计 新能源车是基于城市持续发展需要出现的，作为一种发展前景广阔的绿色交通工具，新能源车是解决能源和环境问题的重要方式。而充电站是为电动车运行提供能量补充的重要基础配套设施，只是深南中路及深南东路西段（人民桥以西）道路两侧环境用地紧张，没有用地设立占地较大的充电站。充电桩作为新能源车的充电设施，所占地小，设置便利，可在城市空间中各类场所环境设置。

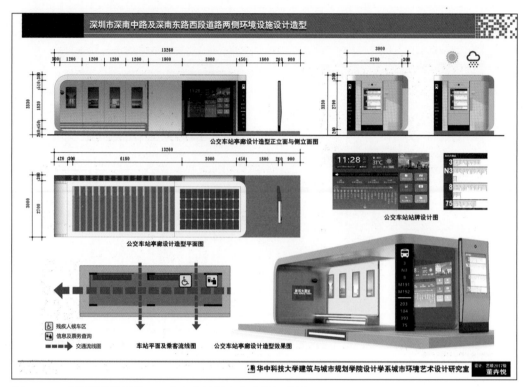

图7-14　交通类环境设施——公交车站候车亭廊设计造型

依据道路两侧用地环境分析，确定电动车充电桩的造型设计从多种柱体造型（方柱、圆柱、角柱等）入手，结合电动车充电桩功能需要，确立适应城市空间环境的电动车充电桩。充电桩的细节造型，如充电的操作界面设计与普通加油站一样可使用IC卡进行消费，显示屏上显示的将是电池充了多少电量，以百分比的图形显示。另外在充电桩顶部的绿色标识发光，使需充电车的车主在夜间能便利找到充电桩空位（图7-15）。

　　3）人行道护栏设计　　人行道护栏是一种半限制性、拦阻式交通类小品设施，具有分隔空间和拦阻作用。这款人行道护栏设计造型为组装式，方便安装拆卸，损坏时能及时更换构件。栏杆用材为锌钢，表面烤白漆，设计造型简洁大方，结实耐用，并易于与道路环境融合。为了满足交通安全与道路畅通的需要，人行道护栏主要有红、蓝、白、黄、黑五种基本色彩，与市政交通护栏配置方向、行车规则、警示效果相关，色彩成为道路护栏的设计必须要考虑到的因素。

　　4）禁行车挡设计　　禁行车挡体量较小，是一种用于道路与广场等空间，防止车辆驶入的交通类小品设施。这款禁行车挡设计造型为复合式，将地灯与车挡结合，整体由钢材制成，中间镂空并在顶端装上警示灯，外包一圈不锈钢板，在机动车道一侧设计饰有黄色荧光涂料，以在夜间能起到有效的反光提醒作用（图7-16）。

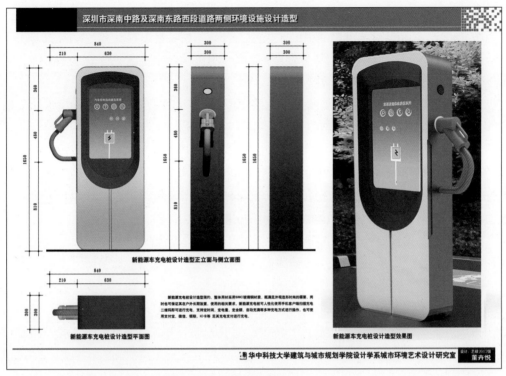

图 7-15　交通类环境设施——新能源车充电桩设计造型

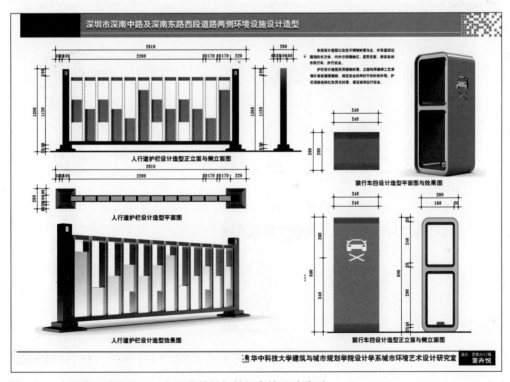

图 7-16　交通类环境设施——人行道护栏与禁行车挡设计造型

（3）卫生类环境设施造型设计　卫生类城市环境设施是为了满足城市公共卫生而设置的设施，主要包括城市道路中的垃圾箱、公共厕所、空气净化器、烟灰缸与洗手盆等，深南中路及深南东路西段（人民桥以西）道路两侧卫生设施配备造型多样，缺乏整体性，其造型设计品质仍需提升。

1）垃圾箱设计　深南中路及深南东路西段（人民桥以西）道路两侧垃圾箱的造型设计以分类回收式为主，有可回收垃圾和不可回收垃圾以及塑料瓶的单独回收之分，箱体造型简洁、坚固耐用。另在保证垃圾容量的同时，充分考虑了投放、收集与清理的便利。为了使垃圾箱的造型与道路两侧环境协调，在垃圾箱色彩处理上，除箱体支撑构件部分采用红色外，垃圾箱内胆部分还选用了黄色与蓝色，以便于分类收集垃圾，做好资源回收利用的工作并减少环境污染（图7-17）。

2）空气净化器设计　空气净化器主要用于深南中路及深南东路西段（人民桥以西）道路两侧的广场、交叉路口及繁华商业空间等处。它是指能够吸附、分解或转化各种空气污染物（一般包括异味、甲醛之类的装修污染、细菌、粉尘及其他过敏源等）有效提高空气清洁度的产品，在空气质量问题已经成为现代城市发展中一个不可忽视的环境问题和发展障碍之当下，城市空气净化器作为一种创新型的环境设施，对绿色城市建设无疑显得意义重大。空气净化器的造型可采用模块化设计方法，并可根据道路两侧的需要进行数量上的构构（图7-18）。

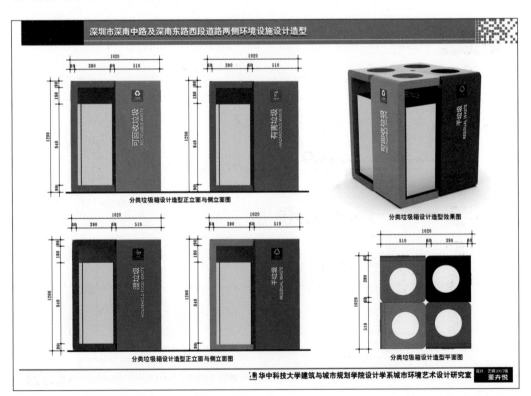

图7-17　卫生类环境设施——垃圾箱设计造型

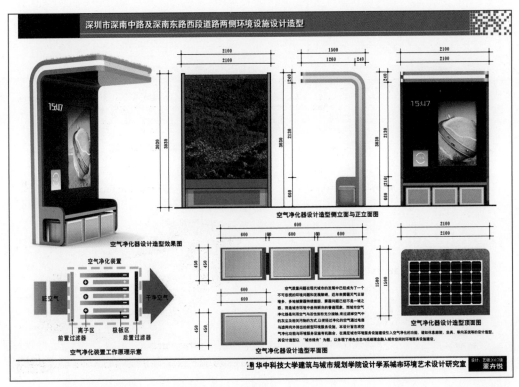

图 7-18　卫生类环境设施——空气净化器设计造型

（4）服务类环境设施造型设计　城市环境中的服务类环境设施包括各类固定与可移动的休息座具、亭廊棚架、服务亭与售货商亭、自动提款机与售货机等。这些设施主要涉及城市日常生活的自发性活动层面及社会性层面，是现代城市中常见的环境设施，它也从一个方面展现出现代城市对市民与游人等人群的关怀。

1）休息座具设计　可"座"城市空间的创造，与城市道路两侧休息座具设置与造型相关，深南中路及深南东路西段（人民桥以西）道路两侧的休息座具，从目前设置的"量"和"质"，以及"空间"范畴等层面来看，离满足市民与游人的休息需要显然存在一定距离。针对可"座"城市空间的建设，这里对道路两侧的广场空间及相关休闲场地等提出两个造型设计方案。

置于道路两侧广场空间的即以深圳市花勒杜鹃为构型元素，其五彩缤纷的勒杜鹃花瓣构成的休闲座具造型，象征着深圳青春时尚、开放多元的城市文化品格，绿色叶片象征着深圳对城市生态文明建设的愿景。座具材质以灰色仿石材亚克力为主，其底部在夜晚会发出不同的灯光，以象征深圳活力四射、和谐浪漫的精神风貌（图7-19）。

置于道路两侧相关休闲场地等处的休息座具，其造型设计采用参数模块化的设计理念，座具运用各自独立的单体，并相互穿插组合构成。除设置于城市道路两侧相关休闲场地等处外，还可根据道路两侧空间的需求进行任意的组合。

2）售货商亭设计　售货商亭是城市道路两侧及周边公共活动场所必不可少的服

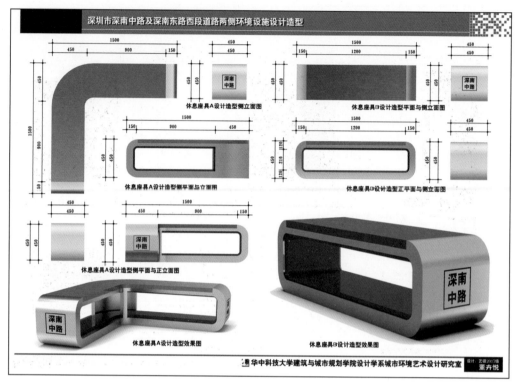

图 7-19　服务类环境设施——休息座具设计造型

务设施，包括各式服务亭站、问讯处、书报亭与售货商亭等，其特点是造型小型多样、机动灵活、购销便利、内容丰富。售货商亭采用伸缩式形式，营业时可将商亭内的主体钢架拉出，且挑出足够长度可作为雨棚，以适应夏季高温多雨气候遮阳挡雨需要。另自助服务亭设于道路人流量大的区域，可为人们提供便利的服务（图7-20）。

（5）管理类环境设施造型设计　管理类环境设施包括城市环境中属于不同部门管辖，又同属城市环境系统的管理设施，如城市环境中的各类管理设施、消防设施与防护设施等。

1）管理亭设计　城市环境中常见的管理亭主要包括公共建筑、住宅小区的门岗亭，街道上的治安亭、保洁亭，高速公路及停车处的收费亭、公交车总站管理亭、旅游观光景点的售票亭、休息场所的服务亭等。深南中路及深南东路西段（人民桥以西）道路两侧的门岗亭属于管理亭中的一种，其造型设计以正方体为基本形，并对正立面方角进行圆曲处理，以在造型上呈现出亲和、时尚、流畅的设计意象感受（图7-21）。

2）共享单车电子围栏设计　共享单车是伴随着"共享经济"的发展出现的新兴代步工具，它于2016年底在国内火爆，至今已有25个品牌在近百个城市普及开来。作为一种分时租赁模式的共享服务，共享单车由于其符合城市市民低碳、绿色出行理念，且有效解决了最后一公里的交通接驳问题，从而受到城市市民的欢迎。只是与"有桩"的公共单车相比，这种随时取用和停车的"无桩"理念给市民带来了极大便

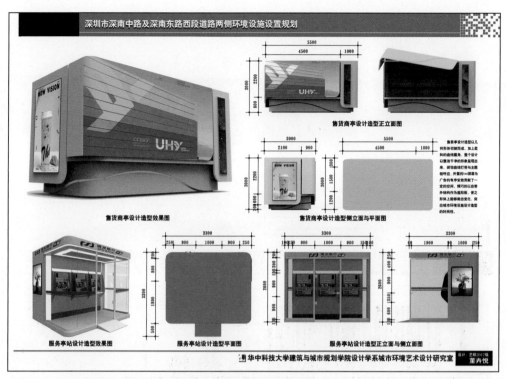

图 7-20　服务类环境设施——售货商亭与服务亭站设计造型

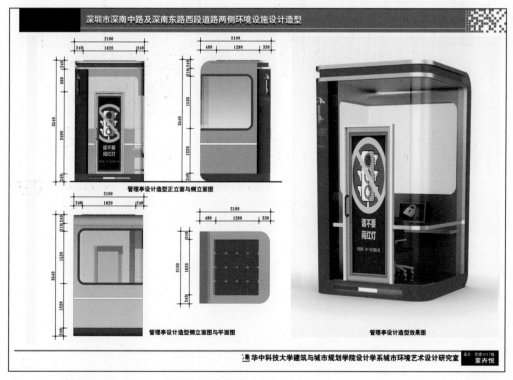

图 7-21　管理类环境设施——管理亭设计造型

利的同时，也导致"小红车"和"小黄车"的"乱占道"现象更加普遍，城市空间的管理因而变得更加困难，这也就需要相应的管理规定出台。共享单车电子围栏在不同城市空间中的出现，即是对城市空间中的共享单车进行有序管理的第一步。而共享单车电子围栏就是基于定位的一种信号控制措施，它是共享单车企业依据政府提供的禁停区范围，在定位系统中设定无信号覆盖区，结合地面上画线提示，以告诉用车人哪个区域无法停车。在这个区域内物联网的信号是不覆盖的，也不提供关锁结算服务，为此用户就无法使用。这些技术已可非常准确地确定共享单车停放范围，还可以通过语音提示或信息推送进行停放位置的提示，并由此将违规停车行为纳入智能管理之中。共享单车电子围栏的造型包括智能停车桩，单车停放线等，智能停车桩的设计造型展现出时尚、简洁、快捷、便利的艺术魅力（图7-22）。

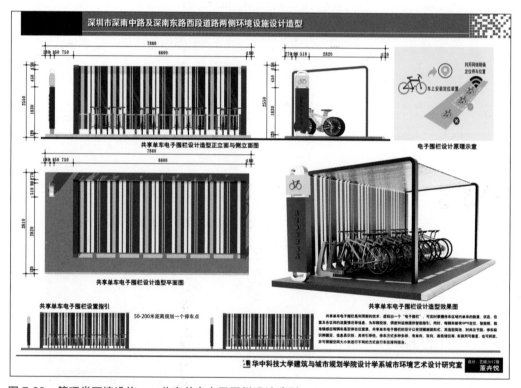

图 7-22 管理类环境设施——共享单车电子围栏设计造型

（6）配景类环境设施设计造型 配景类城市环境设施设计主要包括环境雕塑、壁饰、水景、绿植与花坛、景墙、景门与景窗，活动景物等，以及对城市道路中功能设施，诸如城市道路环境中的供电设施、地下建筑的通风口与建筑空调等需进行的配景方面的处理。

种植花箱是城市道路、广场、公园等公共场所不可缺少的组景手段，对于点缀观景、维护花木、表现环境意向具有重要作用。种植花箱的设计造型强调观赏性，在城市道路两侧、广场及相关场地设置需从周边环境的整体状况进行考虑（图7-23）。花箱设计造型采用不锈钢材做构架，防腐木做箱板，沿道路两侧布置，具有线性及序列的美感。

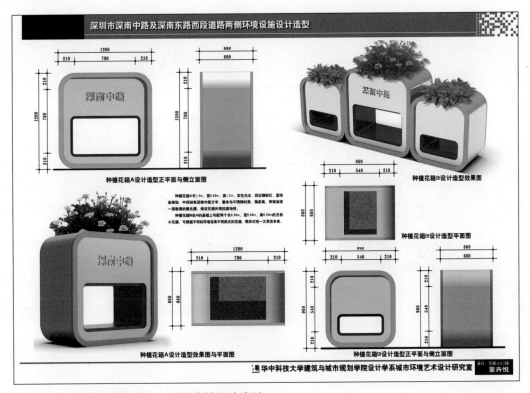

图 7-23　配景类环境设施——种植花箱设计造型

（7）道路环境设施设计造型的组配　在深圳市深南中路及深南东路西段（人民桥以西）道路两侧环境设施设计造型中，我们还根据不同类型的环境设施设计造型的要求有所侧重，并运用组合设计法对两种功能以上的环境设施设计造型进行组配与创作实践方面的探索。诸如垃圾箱通过模块化造型予以组配构成来达到垃圾分类回收的目的，活动卫生间通过模块化造型在数量上进行同类组配来满足不同空间人群使用的需要；休息座具与种植花箱形成异类组配的关系，从而形成城市道路两侧、广场及相关场地等处良好的休闲空间环境（图7-24）。使道路两侧环境设施设计作品既能彰显城市特色与道路场所环境的需要，凸显出道路环境设施自身的个性，还能凸显出城市道路环境设施的组配特点，真正做到以人为本、因地制宜及与时俱进。

（8）设计创作实践感悟　通过对深圳市深南中路及深南东路西段（人民桥以西）道路两侧环境设施设计创作实践的探索，在针对其道路两侧空间确立"时尚"与"未来"交织的环境设施风格定位基础上，经历了构想提出→设置规划→设计造型→成果呈现的全部过程。城市环境设施设计是设计学与城乡规划学等学科交叉形成的一个尚待开发的崭新领域，其发展前景将随着环境艺术理论导入城市而得到快速发展。

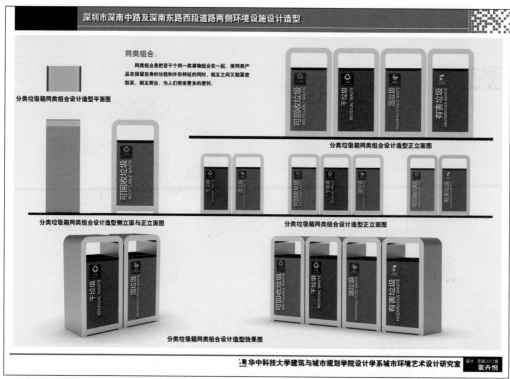

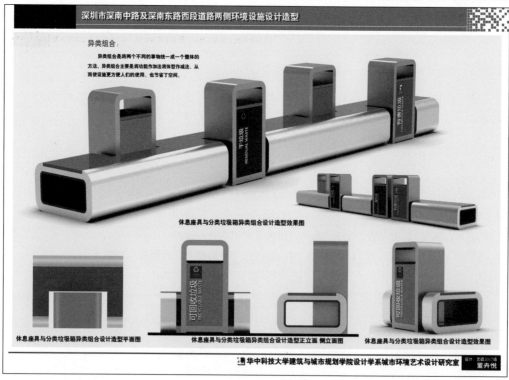

图7-24　道路环境设施组配——分类垃圾箱同类组合及与休息座具的异类组合设计造型

参考文献

[1] 于正伦.城市环境艺术——景观与设施 [M].天津：天津科学技术出版社，1990.

[2] 杜汝俭，李恩山，刘管平.园林建筑设计 [M].北京：中国建筑工业出版社，1986.

[3] 谢秉漫.公共设施与环境艺术小品 [M].北京：中国水利水电出版社，2002.

[4] 安秀.公共设施与环境艺术设计 [M].北京：中国建筑工业出版社，2007.

[5] 杨小军，梁玲琳，蔡晓霞.空间 ·设施·要素 [M].北京：中国建筑工业出版社，2009.

[6] 萧默.中国建筑艺术史 [M].北京：文物出版社，1999.

[7] 陈志华.外国建筑史 [M].北京：中国建筑工业出版社，1979.

[8] 罗小未.外国近现代建筑史 [M].北京：中国建筑工业出版社，1982.

[9] 黄健敏.贝聿铭的艺术世界 [M].北京：中国建筑工业出版社，1996.

[10] 中国现代美术分类全集编委会.中国现代美术分类全集（建筑艺术1~5）[M].北京：中国建筑工
     业出社，1998.

[11] 建筑、园林、城市规划编委会.中国大百科全书（建筑 园林 城市规划）[M].北京：中国大百科
     全书出版社，1988.

[12] 布鲁诺·赛维.建筑空间论：如何品评建筑 [M].张似赞，译.北京：中国建筑工业出版社，
     2006.

[13] 诺伯格·舒尔茨，等.西方建筑的意义 [M].李路珂，等译.北京：中国建筑工业出版社，2005.

[14] 凯文·林奇，等.城市意象 [M].方益萍，等译.北京：华厦出版社，2001.

[15] 罗伯·克里尔.城镇空间 [M].金秋野，等译.北京：中国建筑工业出版社，2007.

[16] 诺伯舒兹.场所精神 [M].施植明，译.武汉：华中科技大学出版社，2010.

[17] E.D培根，等.城市设计 [M].黄富厢，朱琪，译.北京：中国建筑工业出版社，1989.

[18] 刘志峰，刘光复.绿色设计 [M].北京：机械工业出版社，1999.

[19] 辛艺峰.建筑室内环境设计 [M].北京：机械工业出版社，2007.

[20] 辛艺峰.商业建筑室内环境艺术设计 [M].武汉：华中科技大学出版社，2008.

[21] 辛艺峰.现代商场室内设计 [M].北京：中国建筑工业出版社，2011.

[22] 辛艺峰.室内环境设计理论与入门方法 [M].北京：机械工业出版社，2011.

[23] 卢艺舟，华梅立.工业设计程序 [M].北京：高等教育出版社，2009.

[24] 吴佩平，傅晓云.产品设计程序 [M].北京：高等教育出版社，2009.

[25] 辛艺峰.城市环境艺术设计快速效果表现技法 [M].北京：机械工业出版社，2008.

[26] 辛艺峰，等.建筑绘画表现技法 [M].天津：天津大学出版社，2001.

[27] 辛艺峰，等.中国室内设计学会2008年郑州年会暨国际学术交流会论文集 [C].武汉：华中科技
     大学出版社，2008.

[28] 彭一刚. 建筑空间组合论 [M]. 北京：中国建筑工业出版社，1983.

[29] 袁雁. 全球化视觉下的城市空间研究——以上海郊区为例 [M]. 北京：中国建筑工业出版社，2008.

[30] 王建国. 城市设计 [M]. 南京：东南大学出版社，1999.

[31] 辛艺峰. 室内环境设计原理与案例剖析 [M]. 北京：机械工业出版社，2013.

[32] 吴志强，李德华. 城市规划原理 [M]. 4版，北京：中国建筑工业出版社，2010.

[33] 王明旨. 产品设计 [M]. 杭州：中国美术学院出版社，1999.

[34] 张金红，李广. 光环境设计 [M]. 北京：北京理工大学出版社，2009.

[35] 辛艺峰，等. 中国室内设计学会2007年长沙年会暨国际学术交流会论文集 [C]. 武汉：华中科技大学出版社，2007.

[36] 金笠铭. 浅论新城市文化与新城市空间规划理念——创建中国国际化大城市的新思维 [J]. 城市规划，2001（4）：14-20.

[37] 郑灵飞. 厦门地区住区环境设施配置标准研究 [J]. 规划师，2006（2）：77-81.

[38] 贾珊，金欣，等. 60年庆典：长安街城市家具规划设计 [J]. 北京规划建设，2009（5）：87-92.

[39] 辛艺峰. 城市景观与环境色彩设计 [J]. 流行色，1992（12）：5-7.

[40] 辛艺峰. 建筑外部环境艺术设计中的色彩应用研究 [J]. 重庆建筑大学学报，2002（5）：17-22.

[41] 辛艺峰. 人居环境研究与绿色住区环境设计 [J]. 城市，2003（5）：51-53.

[42] 辛艺峰. 现代城市环境色彩设计方法的研究 [J]. 建筑学报，2004（5）：18-19.

[43] 辛艺峰，等. 现代商业建筑外部环境灯光设计 [J]. 广东建筑装饰，2006（5）：19-22.

[44] 辛艺峰. 学府内，景悠悠——校园的环境设施艺术设计研究 [J]. 中国建筑装饰装修，2009（10）：157-159.